中国政法大学
环境资源法研究和服务中心
宣讲参考用书

生态环境保护
健康维权普法
丛书

Environment
Protection
and
Health

食品安全
与健康维权

▶ 王灿发 赵胜彪 主编 ◀

华中科技大学出版社
http://www.hustp.com
中国·武汉

图书在版编目（CIP）数据

食品安全与健康维权 / 王灿发，赵胜彪主编. -- 武汉：华中科技大学出版社，
2019.9

（生态环境保护健康维权普法丛书）

ISBN 978-7-5680-5580-2

Ⅰ.①食⋯　Ⅱ.①王⋯　②赵⋯　Ⅲ.①食品安全－基本知识　②食品卫生法－
基本知识－中国　Ⅳ.①TS201.6　②D922.16

中国版本图书馆CIP数据核字（2019）第181095号

食品安全与健康维权

Shipin Anquan yu Jiankang Weiquan

王灿发　赵胜彪　主编

策划编辑：郭善珊
责任编辑：李　静
封面设计：贾　琳
责任校对：梁大钧
责任监印：徐　露

出版发行：华中科技大学出版社（中国•武汉）　　电话：（027）81321913
　　　　　武汉市东湖新技术开发区华工科技园　　邮编：430223

录　　排：北京欣怡文化有限公司
印　　刷：北京富泰印刷有限责任公司
开　　本：880mm×1230mm　1/32
印　　张：5.875
字　　数：147千字
版　　次：2019年9月第1版　2019年9月第1次印刷
定　　价：39.00元

撰稿人：

朱永锐　邵红燕　郑元超　王　贺　赵胜彪

序　言

随着我国人民群众的生活水准越来越高，每个人对自身的健康问题也越来越关注。除了通过体育锻炼增强体质和合理安全的饮食保持健康以外，近年来人们越来越关注环境质量对人体健康的影响，甚至有些人因为环境污染导致的健康损害而与排污者对簿公堂。然而，环境健康维权，无论是国内还是国外，都并非易事。著名的日本四大公害案件，公害受害者通过十多年的抗争，才得到赔偿，甚至直到现在还有人为被认定为公害受害者而抗争。

我国现在虽然有了一些环境侵权损害赔偿的立法规定，但由于没有专门的环境健康损害赔偿的专门立法，污染受害者在进行环境健康维权时仍然是困难重重。我们组织编写的这套环境健康维权丛书，从我国污染受害者的现实需要出发，除了向社会公众普及环境健康维权的基本知识外，还包括财产损害、生态损害赔偿的法律知识和方法、途径，甚至还包括环境刑事案件的办理。丛书的作者，除了有长期从事环境法律研究和民事侵权研究的法律专家外，还有一些环境科学和环境医学的专家。丛书的内容特别注意了基础性、科学性、实用性，是公众和专业律师进行环境健康维权的好帮手。

环境污染，除了可能会引起健康损害赔偿等民事责任，也可能承担行政责任，甚至是刑事责任。衷心希望当事人和相关主体采取"健康"的方式，即合法、理性的方法维护相关权益。

虽然丛书的每位作者和出版社编辑都尽了自己的最大努力，力求把丛书打造成环境普法的精品，但囿于各位作者的水平和资料收集的局限，其不足之处在所难免，敬请读者批评指正，以便再版时修改完善。

王灿发

2019 年 6 月 5 日于杭州东站

编者说明

一、什么是食品安全事故

食品安全事故指食源性疾病、食品污染等源于食品，对人体健康有危害或者可能有危害的事故。

食源性疾病指食品中致病因素进入人体引起的感染性、中毒性等疾病，包括食物中毒。

食物中毒指食用了被有毒有害物质污染的食品或者食用了含有毒有害物质的食品后出现的急性、亚急性疾病。

食品污染是指食品在从生产、加工、包装、贮存、运输、销售，直至食用等过程中被有毒有害物质污染，包括化学性、物理性和生物性的污染。

食品安全事故可能导致相关主体承担民事、行政甚至刑事责任，本书将从民事、行政、刑事方面介绍与之相关的维权、救济等问题。

二、食品安全事故的危害

俗话说："民以食为天，食以安为先。"说到食品安全事故，不少人自然会想到三聚氰胺奶粉、毒豇豆、福寿螺事件、毒生姜、苏丹红咸鸭蛋、染色馒头、瘦肉精、地沟油、日本核辐射水产品，等等。这些事故给消费者的身心健康造成很大的危害，严重者甚至因此丧失了生命。

长期食用被污染的食品，可能对人体的神经系统、消化系统、造血系统等造成危害，产生失眠、头昏、头疼、智力低下、食欲缺乏、胃肠炎等疾病，严重者还可导致胎儿畸形、癌变。

三、本书主要的法律内容

（一）民商事内容

结合食品安全事故民商事案例，讲解与受害方如何维权、侵权人如何救济相关的法律法规，包括相关的实体法规定和程序法规定，同时介绍相关的法理知识。

（二）行政内容

结合食品安全事故行政案例，讲解与当事人如何维权、行政机关如何救济相关的法律法规，包括相关的实体法规定和程序法规定，同时介绍相关的法理知识。

（三）刑事内容

结合食品安全事故刑事案例，讲解与受害方如何维权、嫌疑人及被告人如何救济相关的法律法规，包括相关的实体法规定和程序法规定，同时介绍相关的法理知识。

四、本书目的

本书从法律、健康的角度，介绍与食品安全事故相关的法律和健康知识，加强读者对食品安全事故及危害的认识，学习相关的法律知识，提高生态环境维权的法律意识，从而实现保护生态环境、保护健康、依法维权的目的。

这里的"健康维权"，有两层含义：

一是保护什么、用什么方法保护。不但要保护公民的健康权、生命权、财产权，而且要依法保护，于法有据，用"健康"的方式维权。

二是保护谁、维护谁的权。不仅仅是保护受害方的合法权益，也要维护侵权人、被告人、嫌疑人，甚至罪犯的合法权益。

目 录

第一部分　民事篇

案例一 受害者食物中毒，被告支付赔偿金

一、引子和案例

（一）案例简介

本案例是由食物中毒引起的纠纷。

2013 年 9 月 6 日，袁某（原告）和母亲刘某在某饭店（被告）就餐，共花费 125 元。

袁某和母亲刘某用餐后，出现呕吐、头晕等症状，原告母亲立即将原告送往医院治疗。医院诊断为食物中毒、亚硝酸盐中毒，花费医疗费 723 元。在医院治疗三天后，原告仍然有头晕及双下肢麻木的症状，故 2013 年 9 月 10 日，原告在其母亲刘某、外祖母李某的陪同下，乘飞机到北京就医。原告于 2013 年 9 月 11 日在首都医科大学附属北京儿童医院就诊，花费医疗费 67.7 元；于 2013 年 9 月 12 日在中国人民解放军 307 医院就诊，花费医疗费 850 元。在三家医院治疗后，原告头晕及双下肢麻木症状仍未消失，故原告于 2013 年 9 月 23 日在大庆油田总医院就诊，花费医疗费 822.5 元。原告及其母亲刘某和外祖母李某到北京治疗共花费交通费 2,964 元，包括飞机票 2,770 元，出租车费用 194 元。在北京住宿共花费 2,693 元。原告及其母亲刘某和外祖

母李某原计划于 2013 年 9 月 7 日乘飞机去青岛，并已购买飞机票，因原告食物中毒不能去青岛，造成飞机票退费损失 1,228 元。原告购买儿童多种营养品和儿童维生素 C 共花费 368 元。

原告起诉到法院，要求被告赔偿医疗费 2,463.2 元、营养费 368 元、交通费 6,962 元、住宿费 2,693 元、伙食补助费 600 元，共计 13,086.2 元；赔偿精神损失费 1 万元，其中包括在被告经营的饭店就餐金额 125 元，按照《中华人民共和国食品安全法》（2009 年版）第九十六条的规定，要求十倍的赔偿金 1250 元及精神损失共计 1 万元；诉讼费用由被告承担。

被告某饭店辩称：被告对原告在被告处就餐引发食物中毒的事实予以认可，并对此次事件深表歉意，并曾经向原告表示补偿，但是最终未形成和解；关于原告主张的医疗费，被告只认可原告在大庆市就医的部分，其余部分不予认可，因为没有就诊医院医生的转诊诊断，也没有转院证明；关于原告主张的营养费，因为没有相应医生的医嘱，所以不予认可；关于交通费，被告只认可原告在大庆市就医所花费的费用，住院费及伙食补助费不予认可；精神损失费要求过高，被告不予认可。

为证实自己的主张，原告向法院提交了相关证据。

（二）裁判结果

法院认为，本案是生命权、健康权、身体权纠纷，应适用一般过错责任原则。

法院认定原告所受全部损失为：医疗费 2,463.2 元、交通费 4,192 元、住宿费 2,693 元、伙食补助费 600 元、十倍赔偿金 1,250 元、精神抚慰金 5,000 元，共计 16,198.2 元。

依照《中华人民共和国侵权责任法》第六条、第十六条、第

3

二十二条,《最高人民法院关于审理人身损害赔偿案件适用法律若干问题的解释》第二十三条,《最高人民法院关于民事诉讼证据的若干规定》第二条,《中华人民共和国食品安全法》(2009 年版)第九十六条的规定,判决:

1. 被告赔偿原告所受损失 16,198.2 元(包括医疗费 2,463.2 元、交通费 4,192 元、住宿费 2,693 元、伙食补助费 600 元、十倍赔偿金 1,250 元、精神抚慰金 5,000 元),此款于本判决生效之日起十日内一次性付清。

2. 驳回原告袁某的其他诉讼请求。

如果未按本判决指定的期限履行给付义务,被告应当依照《中华人民共和国民事诉讼法》第二百五十三条的规定,加倍支付延迟履行期间的债务利息。

案件受理费人民币 293 元减半,收取 146.50 元,由原告负担 26.50元,被告负担 120 元。

(三)与案例相关的部分问题有:

食品中毒受害人起诉需要满足哪些要件?

食物中毒的受害人可以提出哪些赔偿要求?

什么是食品安全事故侵权责任?什么是食品安全事故侵权行为?

消费者因不符合食品安全标准的食品受到损害的,可以向谁要求赔偿?可以要求赔偿多少?

什么是侵害生命权、健康权、身体权?

什么是侵权行为归责原则?

什么是过错责任原则?

什么是无过错责任原则?

二、相关知识

问：食品中毒受害人起诉需要满足哪些要件？

答：公民起诉必须符合《中华人民共和国民事诉讼法》第一百一十九条规定的条件，也就是：

1. 原告是与本案有直接利害关系的公民、法人和其他组织；

2. 有明确的被告；

3. 有具体的诉讼请求和事实、理由；

4. 属于人民法院受理民事诉讼的范围和受诉人民法院管辖。

问：食物中毒的受害人可以提出哪些赔偿要求？

答：食物中毒的受害人可以向侵权人要求赔偿医疗费、误工费、护理费、交通费、住宿费、住院伙食补助费、必要的营养费等为治疗和康复支出的合理费用，以及因误工减少的收入。

如果造成受害人残疾的，还可以要求赔偿因增加生活上需要所支出的必要费用以及因丧失劳动能力导致的收入损失，包括残疾赔偿金、残疾辅助器具费、被扶养人生活费，以及因康复护理、继续治疗实际发生的必要的康复费、护理费、后续治疗费。

假如受害人死亡的，除了要求侵权人根据抢救治疗情况赔偿医疗费、误工费、护理费、交通费、住宿费、住院伙食补助费、必要的营养费等为治疗和康复支出的合理费用，以及因误工减少的收入等相关费用外，还应当赔偿丧葬费、被扶养人生活费、死亡补偿费以及受害人亲属办理丧葬事宜支出的交通费、住宿费和误工损失等其他合理费用。

除此以外，造成受害人严重精神损害的，还可以请求精神损害赔偿。

三、与案件相关的法律问题

(一)学理知识

问:什么是食品安全事故侵权责任?什么是食品安全事故侵权行为?

答:食品安全事故指食源性疾病、食品污染等源于食品,对人体健康有危害或者可能有危害的事故。

本案是因食物中毒的食品安全事故引起的诉讼,原告要求被告饭店承担食品安全事故侵权责任。

食品安全事故侵权责任是指民事主体因食品安全事故应承担的民事责任。

食品安全事故侵权行为是指民事主体因食品安全事故侵害他人合法的民事权益,依法应承担侵权责任的行为。

问:消费者因不符合食品安全标准的食品受到损害的,可以向谁要求赔偿?可以要求赔偿多少?

答:消费者因不符合食品安全标准的食品受到损害的,可以向经营者要求赔偿损失,也可以向生产者要求赔偿损失。接到消费者赔偿要求的生产经营者,应当实行首负责任制,先行赔付,不得推诿;属于生产者责任的,经营者赔偿后有权向生产者追偿;属于经营者责任的,生产者赔偿后有权向经营者追偿。

生产不符合食品安全标准的食品或者经营明知是不符合食品安全标准的食品,消费者除要求赔偿损失外,还可以向生产者或者经营者要求支付价款十倍或者损失三倍的赔偿金;增加赔偿的金额不足一千元的,为一千元。但是,食品的标签、说明书存在不影响食品安全且不会对消费者造成误导的瑕疵的除外。

问:什么是侵害生命权、健康权、身体权?

答:《中华人民共和国侵权责任法》规定,侵害民事权益,应当依照本法承担侵权责任。

民事权益包括生命权、健康权、姓名权、名誉权、荣誉权、肖像权、隐私权、婚姻自主权、监护权、所有权、用益物权、担保物权、著作权、专利权、商标专用权、发现权、股权、继承权等人身、财产权益。

生命权、健康权、身体权是公民享有的最基本的权利。

生命权是指公民享有的生命安全不被非法剥夺、危害的权利,生命的存在和生命权的享有,是公民第一重要的人身权利。

健康权是指公民在生命存续期间,享有的身体组织、器官的完整和生理机能以及心理状态的正常健康的权利。

身体权是指自然人保持其身体组织完整并支配其肢体、器官和其他身体组织并保护自己的身体不受他人违法侵犯的权利。

身体权与生命权、健康权密切相关,侵害自然人的身体可能导致对自然人健康的损害,甚至剥夺自然人的生命。但是生命权以保护自然人生命的延续为内容,身体权所保护的是身体组织的完整及对身体组织的支配,健康权保护的是身体组织、器官的完整和生理机能以及心理状态的正常和健康。

人身权与生命权和健康权分不开。人身权包括人格权和身份权。人格权又分为物质性人格权和精神性人格权。物质性人格权包括生命权和健康权。精神性人格权包括自由权、姓名权、肖像权、名誉权、隐私权。

问:什么是侵权行为归责原则?

答:侵权行为归责原则是指确定侵权行为人承担侵权责任的一般准则,就是在侵权行为致人损害时,根据什么标准和原则确定行为人的侵权责任的准则。侵权行为的归责原则决定着侵权行为的分类、侵权责任的构成要件、举证责任的负担、免责事由等内容。我国侵权行为的归责原则主要包括过错责任原则和无过错责任原则。过错推定责任和公平责任不是侵权责任法上的独立原则。过错推定责任只是过错责任原则的特殊形式。《中华人民共和国侵权责任法》第二十四条规定了公平责任："受害人和行为人对损害的发生都没有过错的，可以根据实际情况，由双方分担损失。"也就是说，行为人不构成侵权，不承担侵权责任的前提下，由当事人适当分担损失，解决的是损害分担问题，不是侵权行为归责的依据问题。

问：什么是过错责任原则？

答：所谓过错责任原则是指当事人的主观过错是构成侵权行为的必备要件的归责原则，就是过错作为归责的依据和责任的构成要件，因过错侵害他人民事权益时，应当承担侵权责任。一般侵权责任的归责原则适用过错责任原则。《中华人民共和国侵权责任法》第六条规定："行为人因过错侵害他人民事权益，应当承担侵权责任。"

过失还可以进一步分为一般过失和重大过失。

过错就是行为人的主观过错、心理状态，是指行为人通过其实施的侵害行为所表现出来的在法律和道德上应受非难的故意和过失的心理状态。

故意是指行为人已经预见到自己行为的损害后果，仍然希望或者放任该后果的发生。

过失是指行为人应当预见自己的行为可能会发生损害后果而没有预见，或者已经预见但是轻信能够避免的心理状态。过失还可以进一步分为一般过失和重大过失。

问：什么是无过错责任原则？

答：无过错责任原则也叫无过失责任原则，是指在法律有特别规定时，不考虑行为人是否有主观过错，都要对给他人造成的损害承担赔偿责任。也就是说，在法律有特别规定时，即便行为人没有过错造成了他人损害，依据法律规定行为人也应当承担民事责任。环境污染责任的归责原则适用无过错责任原则，《中华人民共和国侵权责任法》第六十五条规定："因污染环境造成损害的，污染者应当承担侵权责任。"

（二）法院裁判的理由

本案是生命权、健康权、身体权纠纷，法院适用一般过错责任原则。

因被告过错导致原告食物中毒，并给原告造成了一定的损失，被告应当对原告所受损失承担赔偿责任。

关于原告主张的医疗费 2,463.2 元，包括原告在大庆及北京治疗的医疗费，原告能够提供证据证实，法院对该部分费用予以支持。结合原告的病情及原告去北京治疗存在一定的必要性及合理性，法院对原告主张的该部分费用予以支持。原告购买儿童多种营养品和儿童维生素 C 的营养费 368 元，因原告没有提供证据证实该项费用发生的必要性及合理性，且被告对该项费用不予认可，法院对原告的该项主张不予支持。原告主张的交通费 6,962 元，因原告食物中毒，情况紧急，且原告年幼，需要亲属陪同与照顾，结合原告提供的证据，对原告主张的部分交通费予以支持。关于原告主张的飞机票退票费损失 1,228 元，根据原告提供的证据，结合本案事实，该项退费损失与本案之间存在一定的因果关系，应由被告赔偿，法院对该项主张予以支持。原告主张的住宿费 2,693 元，根据原告提供的证据并结合原告在北京的治疗时间，该项费用发生合理，法院对该项主张予以支持。原告主张的伙食补助费 600 元，根据法律规定，如受害人确有必要到外地治疗，因客观原因不能住院，对于受害人及其陪护人员实际发生的伙食费应予赔偿，原告主张的数额合理，法院予以支持。原告主张的损失费 1 万元，其中包括原告按照在被告处消费数额主张的十倍赔偿 1,250 元 及精神损失费 8,750 元，根据《中华人民共和国食品安全法》(2009 年 版)第九十六条规定，生产或者销售明知是不符合食品安全标准的食品，消费者除要求赔偿损失外，还可以向生产者或者销售者要求支付价款十倍的赔偿金，本案中被告作为饭店的经营者，制作并销售不符合食品安全标准的食品，给原告造成了损害，故法院对原告要求被告进行十倍赔偿的主张予以支持。关于原告主张的精神损失费 8,750 元，因原告年幼，此次事件给原告的身心造成了严重的伤害，故被告应当对原告给予一定的精神损害赔偿，但法院认为原告主张的数额过高，应调整为 5,000 元。

综上，法院认定原告所受全部损失为医疗费 2,463.2 元、交通费 4,192 元、住宿费 2,693 元、伙食补助费 600 元、十倍赔偿金 1,250 元、精神抚慰金 5,000 元，共计 16,198.2 元。

（三）法院裁判的法律依据

《中华人民共和国食品安全法》(2009 年版)：

第九十六条 违反本法规定，造成人身、财产或者其他损害的，依法承担赔偿责任。

生产不符合食品安全标准的食品或者销售明知是不符合食品安全标准的食品，消费者除要求赔偿损失外，还可以向生产者或者销售者要求支付价款十倍的赔偿金。

《中华人民共和国侵权责任法》：

第六条 行为人因过错侵害他人民事权益，应当承担侵权责任。

第十六条 侵害他人造成人身损害的，应当赔偿医疗费、护理费、交通费等为治疗和康复支出的合理费用，以及因误工减少的收入。造成残疾的，还应当赔偿残疾生活辅助具费和残疾赔偿金。造成死亡的，还应当赔偿丧葬费和死亡赔偿金。

第二十二条　侵害他人人身权益，造成他人严重精神损害的，被侵权人可以请求精神损害赔偿。

《最高人民法院关于审理人身损害赔偿案件适用法律若干问题的解释》：

第二十三条　住院伙食补助费可以参照当地国家机关一般工作人员的出差伙食补助标准予以确定。

受害人确有必要到外地治疗，因客观原因不能住院，受害人本人及其陪护人员实际发生的住宿费和伙食费，其合理部分应予赔偿。

《最高人民法院关于民事诉讼证据的若干规定》：

第二条　当事人对自己提出的诉讼请求所依据的事实或者反驳对方诉讼请求所依据的事实有责任提供证据加以证明。

没有证据或者证据不足以证明当事人的事实主张的，由负有举证责任的当事人承担不利后果。

（四）上述案例的启示

本案原告的健康权受到侵害，要求精神损害赔偿，其诉讼请求的一部分得到法院支持。可见，受害人可以根据案件的具体情况主张精神损害赔偿。

精神损害赔偿指当人身权或者是某些财产权利受到不法侵害，给受害人造成严重精神损害时，可要求侵权人支付精神损害抚慰金。

了解精神损害赔偿的范围，即哪些民事权益受到侵害时可以请求获得精神损害赔偿，有助于帮助受害人向法院提出请求。

精神损害赔偿范围主要包括以下五个方面：

第一，侵害人格权的精神损害赔偿。自然人因生命权、健康权、身体权、姓名权、肖像权、名誉权、荣誉权、人格尊严权、人身自由权等人格权利遭受非法侵害，向法院起诉请求赔偿精神损害的，法院应当依法予以受理。

第二，违反社会公共利益、社会公德侵害他人隐私或者其他人格利益，受害人以侵权为由向法院起诉请求赔偿精神损害的，法院应当依法予以受理。

第三，侵害身份权的精神损害赔偿。非法使被监护人脱离监护，导致亲子关系或者近亲属间的亲属关系遭受严重损害，监护人向法院起诉请求赔偿精神损害的，法院应当依法予以受理。在婚姻关系中，因重婚、有配偶者与他人同居、实施家庭暴力、虐待遗弃家庭成员等情形，导致离婚的，无过错方有权请求精神损害赔偿。

第四，侵害死者的精神损害赔偿。自然人死亡后，其近亲属因侵权人以侮辱、诽谤、贬损、丑化或者违反社会公共利益、社会公德的其他方式，侵害死者姓名、肖像、名誉、荣誉，非法披露、利用死者隐私，或者以违反社会公共利益、社会公德的其他方式侵害死者隐私，非法利用、损害遗体、遗骨，或者以违反社会公共利益、社会公德的其他方式侵害遗体、遗骨等侵权行为遭受精神的痛苦，向法院起诉请求赔偿精神损害的，法院应当依法予以受理。

第五，侵害具有人格象征意义的特定纪念物品财产权的精神损害赔偿。具有人格象征意义的特定纪念物品，因侵权行为而永久性灭失或者毁损，物品所有人以侵权为由，向人民法院起诉请求赔偿精神损害的，人民法院应当依法予以受理。

案例二　竹荪镉含量超标，法院判原告败诉

一、引子和案例

（一）案例简介

本案例是打假者打假而引起的纠纷。

朱某于 2015 年 10 月 1 日在淘宝网上购买了某食品有限公司旗舰店所售食品竹荪（竹荪干货，无熏硫，食用菌特产，古田竹荪，100 克，包邮）10 包，合计付款 270 元，并要求对方开具了增值税普通发票。

到货后，朱某将涉案竹荪中的其中一包送往余姚市食品检验检测中心就该产品中的亚硫酸盐及镉含量进行检测。经检测，该产品中镉含量为 1.5mg/kg，超出国家标准。朱某据此认为涉案产品违反食品安全规定，诉至法院，要求判令：1. 被告退还货款 270 元；2. 被告赔偿原告十倍价款即 2,700 元；3. 本案诉讼费由被告承担。

被告某食品有限公司书面答辩称：1. 被告所售产品是符合食品安全标准的，原告的鉴定、检测没有告知被告，被告认为原告所检测的产品非被告所售产品；2.《〈食品中污染物限量〉（GB 2762-2012）问答》第十条载明："食品经过脱水、腌制、晒干或浓缩等生产加工工艺而制成的干制食品，其污染物含量将明显高于食品原料。"因此，GB

2762-2012 中除明确规定以干重计或者特别规定干制食品外，所有食品均是指未经脱水、晒干或浓缩的食品原料或制品。被告生产 1 千克干竹荪需新鲜竹荪 15 克。据此，朱某要求退货及赔偿的依据不足，应驳回原告诉讼请求。

（二）裁判结果

法院立案受理本案后，依法由审判员适用简易程序独任审判，公开开庭进行了审理。依照《中华人民共和国民事诉讼法》第六十四条第一款、第一百六十四条规定，判决驳回原告朱某的诉讼请求。本案案件受理费 50 元，减半收取 25 元，由原告负担。

（三）与案例相关的部分问题有：

什么是食品污染物？什么是食品污染物限量？

什么是干制食品脱水率或浓缩率？

什么是民事诉讼简易程序？简易程序的适用范围有哪些要求？

哪些案件不适用简易程序？

假如本案原告不同意适用简易程序，他该怎么办？

什么是民事诉讼独任审判？什么情况下适用？

审判组织和独任制有什么关系？

举证责任分配的一般原则是什么？

二、相关知识

问：什么是食品污染物？什么是食品污染物限量？

答：食品污染物是指食品在从生产（包括农作物种植、动物饲养和兽医用药）、加工、包装、贮存、运输、销售直至食用等过程中产生的或由环境污染带入的、非有意加入的有毒有害物质，包括化学性、物理性和生物性的污染物。

《食品安全国家标准　食品中污染物限量》（GB 2762-2017）标准规定的污染物是指除农药残留、兽药残留、生物毒素和放射性物质以外的污染物。

食品污染物限量是指污染物在食品原料和（或）食品成品可食用部分中允许的最大含量水平。《食品安全国家标准　食品中污染物限量》（GB 2762-2017）标准规定，限量指标对制品有要求的情况下，其中干制品中污染物限量以相应新鲜食品中污染物限量结合其脱水率或浓缩率折算。脱水率或浓缩率可通过对食品的分析、生产者提供的信息以及其他可获得的数据信息等确定。有特别规定的除外。

GB 2762-2017 标准规定了食品中铅、镉、汞、砷、锡、镍、铬、亚硝酸盐、硝酸盐、苯并 [a] 芘、N-二甲基亚硝胺、多氯联苯、3-氯-1,2-丙二醇等污染物限量，涉及水果、蔬菜、谷物等 22 类食品、160 余个限量指标。

问：什么是干制食品脱水率或浓缩率？

干制食品是指食品经过脱水、腌制、晒干或浓缩等加工工艺制成的食品，其污染物含量明显高于食品原料，干制食品中污染物限量以相应食品原料脱水率或浓缩率折算。

干制食品脱水率或浓缩率是指干制食品重量与其相应新鲜食品原料重量的比值。例如，2.5kg 鲜香菇原料，经物理脱水烘干工艺加工成 0.5kg 香菇干，其脱水率为 80%，计算方法：（2.5-0.5）/2.5×100%。

限量指标对制品有要求的情况下，干制品中污染物限量以相应新鲜食品中污染物限量结合其脱水率或浓缩率折算。脱水率或浓缩率可通过对食品的分析、生产者提供的信息以及其他可获得的数据信息等确定。有特别规定的除外。

三、与案件相关的法律问题

（一）学理知识

问：什么是民事诉讼简易程序？简易程序的适用范围有哪些要求？

答：本案依法由审判员适用简易程序独任审判。

民事诉讼简易程序是指基层法院和它派出的法庭审理简单的一审民事案件，适用简便易行的诉讼程序。简易程序是第一审程序中和普通程序相并列的独立诉讼程序。

简易程序的适用范围包括：

第一，基层法院和它派出的法庭审理简单的民事案件，适用简易程序。

第二，基层法院和它派出的法庭适用简易程序审理的民事案件，限于事实清楚、权利义务关系明确、争议不大的简单的民事案件。

简单民事案件中的事实清楚是指当事人对争议的事实陈述基本一致，并能提供相应的证据，无需人民法院调查收集证据即可查明事实；权利义务关系明确是指能明确区分谁是责任的承担者、谁是权利的享有者；争议不大是指当事人对案件的是非、责任承担以及诉讼标的争执无原则分歧。

问：哪些案件不适用简易程序？

答：下列案件，不适用简易程序：

1. 起诉时被告下落不明的；

2. 发回重审的；

3. 当事人一方人数众多的；

4. 适用审判监督程序的；

5. 涉及国家利益、社会公共利益的；

6. 第三人起诉请求改变或者撤销生效判决、裁定、调解书的；

7. 其他不宜适用简易程序的案件。

问：假如本案原告不同意适用简易程序，他该怎么办？

答：假如本案原告不同意适用简易程序，他可以就案件适用简易程序提出异议，法院经审查，异议成立的，裁定转为普通程序；异议不成立的，口头告知当事人，并记入笔录。转为普通程序的，法院应当将合议庭组成人员及相关事项以书面形式通知双方当事人。转为普通程序前，双方当事人已确认的事实，可以不再进行举证、质证。

问：什么是民事诉讼独任审判？什么情况下适用？

答：民事诉讼独任审判是指由一名审判员独自对民事案件进行审判，并对自己承办的案件负责的审判制度，是"合议制"的对称，是法院审判组织形式之一。

独任制适用于以下情形：

1. 基层法院及派出庭用简易程序审理的一审案件。适用简易程序审理案件，由审判员独任审判，书记员担任记录。

2. 特别程序（选民资格案件和重大、疑难案件除外），包括宣告失踪、宣告死亡案件；认定公民无民事行为能力、限制民事行为能力案件；认定财产无主案件；确认调解协议案件；实现担保物权案件。

依照特别程序审理的案件，实行一审终审。选民资格案件或者重大、疑难案件，由审判员组成合议庭审理；其他案件由审判员一人独任审理。

3. 非讼程序（公示催告程序中的除权判决除外），包括公示催告阶段和督促程序。适用公示催告程序审理案件，可由审判员一人独任审理。判决宣告票据无效的，应当组成合议庭审理。法院受理申请支付令案件后，由审判员一人进行审理。

问：审判组织和独任制有什么关系？

答：审判组织是法院审理案件的内部组织。根据审理案件的性质可分为刑事审判组织、民事审判组织和行政审判组织。法院审理案件的组织形式有两种：独任制、合议制。

独任制是指由一名审判员对案件进行审理并作出裁判的审判组织形式。合议制是指由三名以上的审判人员，或者由审判员和陪审员共同组成审判庭代表法院行使审判权，对案件进行审理和裁判的审判组织形式。

按照合议制组成的审判组织，称为合议庭。在不同的审判程序中合议庭的组成人员有所不同。

问：举证责任分配的一般原则是什么？

答：举证责任分配是指按照法律规定和举证时限的要求，当事人对哪些证据要承担举证责任的分配原则。举证责任分配的基本原则有一般原则和特殊规则。

举证责任分配的一般原则为谁主张谁举证。

法院应当依照下列原则确定举证证明责任的承担，但法律另有规定的除外：

1. 主张法律关系存在的当事人，应当对产生该法律关系的基本事实承担举证证明责任。

2. 主张法律关系变更、消灭或者权利受到妨害的当事人，应当对该法律关系变更、消灭或者权利受到妨害的基本事实承担举证证明责任。

当事人对自己提出的诉讼请求所依据的事实或者反驳对方诉讼请求所依据的事实有责任提供证据加以证明。没有证据或者证据不足以证明当事人的事实主张的，由负有举证责任的当事人承担不利后果。

在合同纠纷案件中，主张合同关系成立并生效的一方当事人对合同订立和生效的事实承担举证责任；主张合同关系变更、解除、终止、撤销的一方当事人对引起合同关系变动的事实承担举证责任。

对合同是否履行发生争议的，由负有履行义务的当事人承担举证责任。

对代理权发生争议的，由主张有代理权一方的当事人承担举证责任。

在劳动争议纠纷案件中，因用人单位作出开除、除名、辞退、解除劳动合同、减少劳动报酬、计算劳动者工作年限等决定而发生劳动争议的，由用人单位负举证责任。

（二）法院裁判的理由

法院认为，《食品安全国家标准　食品中污染物限量》（GB 2762-2012）规定了食品中铅、镉、汞等污染物限量指标，将食品污染物阐述为食品在从生产（包括农作物种植、动物饲养和兽医用药）、加工、包装、贮存、运输、销售直至食用等过程中产生的或由环境污染带入的、非有意加入的化学性危害物质，该污染物是指除农药残留、兽药残留、生物毒素和放射性物质以外的污染物。该标准第 3.5 条规定："干制食品中污染物限量以相应食品原料脱水或浓缩率折算。脱水率或浓缩率可通过对食品的分析、生产者提供的信息及其他可获得的数据信息等确定。"

本案中竹荪系干制产品，原告递交余姚市食品检验检测中心的竹荪系干制后的产品，余姚市食品检验检测中心出具的报告亦声明仅对来样负责，该检测报告并未涉及脱水率及浓缩率，故原告以食品安全国家标准 GB 2762-2012 为依据，以该干制产品中镉含量超标为由要求退货并赔偿，依据不足，法院不予支持。

（三）法院裁判的法律依据

《中华人民共和国民事诉讼法》：

第六十四条　当事人对自己提出的主张，有责任提供证据。

当事人及其诉讼代理人因客观原因不能自行收集的证据，或者人民法院认为审理案件需要的证据，人民法院应当调查收集。

人民法院应当按照法定程序，全面地、客观地审查核实证据。

第一百五十七条　基层人民法院和它派出的法庭审理事实清楚、权利义务关系明确、争议不大的简单的民事案件，适用本章规定。

基层人民法院和它派出的法庭审理前款规定以外的民事案件，当事人双方也可以约定适用简易程序。

第一百五十八条　对简单的民事案件，原告可以口头起诉。

当事人双方可以同时到基层人民法院或者它派出的法庭，请求解决纠纷。基层人民法院或者它派出的法庭可以当即审理，也可以另定日期审理。

第一百五十九条　基层人民法院和它派出的法庭审理简单的民事案件，可以用简便方式传唤当事人和证人、送达诉讼文书、审理案件，但应当保障当事人陈述意见的权利。

第一百六十条　简单的民事案件由审判员一人独任审理，并不受本法第一百三十六条、第一百三十八条、第一百四十一条规定的限制。

第一百六十一条　人民法院适用简易程序审理案件，应当在立案之日起三个月内审结。

第一百六十二条　基层人民法院和它派出的法庭审理符合本法第一百五十七条第一款规定的简单的民事案件，标的额为各省、自治区、直辖市上年度就业人员年平均工资百分之三十以下的，实行一审终审。

第一百六十三条　人民法院在审理过程中，发现案件不宜适用简易程序的，裁定转为普通程序。

第一百六十四条　当事人不服地方人民法院第一审判决的，有权在判决书送达之日起十五日内向上一级人民法院提起上诉。

当事人不服地方人民法院第一审裁定的，有权在裁定书送达之日起十日内向上一级人民法院提起上诉。

（四）上述案例的启示

法院没有支持本案原告的诉讼请求，是因为原告没有履行举证责任。

举证责任是指当事人对自己提出的主张有收集或提供证据的义务，并有运用该证据证明主张的案件事实成立或有利于自己的主张的责任。本案当事人对自己提出的被告所售的产品竹荪镉含量超出国家标准，据此认为涉案产品违反《中华人民共和国食品安全法》，要求退还货款、赔偿原告十倍价款的主张，有责任提供证据。

本案原告向法院提交的食品检验检测中心的报告没有涉及脱水率及浓缩率，原告以食品安全国家标准 GB 2762-2012 为依据，以干制产品中镉含量超标为由要求退货并赔偿，依据不足，因此，法院不支持原告的诉求。

案例三　红茶标签有问题，销售者予以赔偿

一、引子和案例

（一）案例简介

本案例是因商品标签不够完善而引起的纠纷。

2017年3月10日，张某通过网购平台购买了某公司销售的玫瑰红茶（代用茶）30盒，每盒47元，实际货款共计1,410元。同年3月13日，张某收到某公司发来的产品。

饮用两盒玫瑰红茶后，张某家中小孩出现身体不适的情况，经查询发现，该红茶产品中含有人参。张某将某公司起诉到法院，理由是：红茶的配料中含有人参，而未标注人工种植，也未按照规定在外包装上标注每日限量和不适宜人群，给消费者带来安全隐患，严重影响食品安全，属不符合食品安全标准的食品，故某公司应当按照《中华人民共和国食品安全法》第一百四十八条的规定依法承担十倍赔偿责任。

张某提出的诉讼请求是：1.依法判令被告某公司退还原告购物款1,410元；2.依法判令被告某公司支付原告购物价款的十倍赔偿金14,100元；3.本案诉讼费由被告某公司承担。

张某向法院提交了订单详情、物流详情、产品实物及照片等证据。

某公司未到庭参加诉讼，但提交了书面答辩状，声称：根据《中华人民共和国食品安全法》第一百四十八条第二款规定，"生产不符合食品安全标准的食品或者经营明知是不符合食品安全标准的食品，消费者除要求赔偿损失外，还可以向生产者或者经营者要求支付价款十倍或者损失三倍的赔偿金；增加赔偿的金额不足一千元的，为一千元。但是，食品的标签、说明书存在不影响食品安全且不会对消费者造成误导的瑕疵的除外。"某公司销售的红茶产品属于在标签、说明书存在不影响食品安全且不会对消费者造成误导的瑕疵，并不会影响到消费者的食用安全，况且张某称小孩食用后出现身体不适，没有提供相关医院的检查依据。

某公司未向法院提交任何证据。

（二）裁判结果

一审法院依法缺席判决如下：

1. 被告某公司于判决生效之日起十日内退还张某货款 1,316 元（减掉已饮用的两盒）；张某于判决生效之日起十日内退还所购买的 28 盒红茶给某公司，如不能退货，则以每盒 47 元的价格在上述应退货款中折价予以扣除；

2. 某公司于判决生效之日起十日内赔偿原告张某 14,100 元；

3. 驳回张某的其他诉讼请求。

如未按判决指定期间履行给付金钱义务，按照《中华人民共和国民事诉讼法》第二百五十三条的规定，加倍支付迟延履行期间的债务利息。案件受理费 94 元，由某公司负担（于判决生效之日起七日内缴纳）。如不服本判决，可在判决书送达之日起十五日内，向本院递交上诉状，并按对方当事人的人数提出副本，缴纳上诉案件受理费，上诉于北京市第二中级人民法院。如在上诉期满后七日内未缴纳上诉案件受理费的，按自动撤回上诉处理。

（三）与案例相关的部分问题有：

什么是新资源食品？什么是新食品原料？

我国法律规定禁止生产经营哪些食品、食品添加剂和食品相关产品？消费者遇到这些情况是否可以要求生产经营者进行惩罚性赔偿？

什么是食品添加剂？食品生产经营者非法使用食品添加剂的，消费者是否可以要求生产经营者进行惩罚性赔偿？

什么是缺席判决？

什么是上诉？提起上诉的法定条件是什么？

上诉状应当包括哪些内容？提起上诉的途径有哪些？

二、相关知识

问：什么是新资源食品？什么是新食品原料？

答：新资源食品是 2006 年 12 月 26 日卫生部（现国家卫生健康委员会）发布的《新资源食品管理办法》中的叫法（该办法现已被废止）。在该办法中，新资源食品包括：

1. 在我国无食用习惯的动物、植物和微生物；

2. 从动物、植物、微生物中分离的在我国无食用习惯的食品原料；

3. 在食品加工过程中使用的微生物新品种；

4. 因采用新工艺生产导致原有成分或者结构发生改变的食品原料。

为与《中华人民共和国食品安全法》相衔接，2013 年 10 月 1 日施行的《新食品原料安全性审查管理办法》（国家卫生和计划生育委员会令第 18 号）将"新资源食品"修改为"新食品原料"。

新食品原料是指在我国无传统食用习惯的以下物品：

1. 动物、植物和微生物；

2. 从动物、植物和微生物中分离的成分；

3. 原有结构发生改变的食品成分；

4. 其他新研制的食品原料。

新食品原料不包括转基因食品、保健食品、食品添加剂新品种。转基因食品、保健食品、食品添加剂新品种的管理依照国家有关法律法规执行。

三、与案件相关的法律问题

（一）学理知识

问：我国法律规定禁止生产经营哪些食品、食品添加剂和食品相关产品？消费者遇到这些情况是否可以要求生产经营者进行惩罚性赔偿？

答：我国法律规定禁止生产经营下列食品、食品添加剂、食品相关产品：

1. 用非食品原料生产的食品或者添加食品添加剂以外的化学物质和其他可能危害人体健康物质的食品，或者用回收食品作为原料生产的食品；

2. 致病性微生物，农药残留、兽药残留、生物毒素、重金属等污染物质以及其他危害人体健康的物质含量超过食品安全标准限量的食品、食品添加剂、食品相关产品；

3. 用超过保质期的食品原料、食品添加剂生产的食品、食品添加剂；

4. 超范围、超限量使用食品添加剂的食品；

5. 营养成分不符合食品安全标准的专供婴幼儿和其他特定人群的主辅食品；

6. 腐败变质、油脂酸败、霉变生虫、污秽不洁、混有异物、掺假掺杂或者感官性状异常的食品、食品添加剂；

7. 病死、毒死或者死因不明的禽、畜、兽、水产动物肉类及其制品；

8. 未按规定进行检疫或者检疫不合格的肉类，或者未经检验或者检验不合格的肉类制品；

9. 被包装材料、容器、运输工具等污染的食品、食品添加剂；

10. 标注虚假生产日期、保质期或者超过保质期的食品、食品添加剂；

11. 无标签的预包装食品、食品添加剂；

12. 国家为防病等特殊需要明令禁止生产经营的食品；

13. 其他不符合法律、法规或者食品安全标准的食品、食品添加剂、食品相关产品。

消费者如果遇到上述情况，可以要求生产经营者进行惩罚性赔偿，即消费者除要求赔偿损失外，还可以向生产者或者经营者要求支付价款十倍或者损失三倍的赔偿金；增加赔偿的金额不足一千元的，为一千元。

问：什么是食品添加剂？食品生产经营者非法使用食品添加剂的，消费者是否可以要求生产经营者进行惩罚性赔偿？

答：食品添加剂指为改善食品品质和色、香、味以及为防腐、保鲜和加工工艺的需要而加入食品中的人工合成或者天然物质，包括营养强化剂。

食品生产经营者应当按照食品安全国家标准使用食品添加剂。消费者如果遇到食品生产经营者非法使用食品添加剂的，可以要求生产经营者进行惩罚性赔偿，即消费者除要求赔偿损失外，还可以向生产者或者经营者要求支付价款十倍或者损失三倍的赔偿金；增加赔偿的金额不足一千元的，为一千元。

问：什么是缺席判决？

答：本案中，某公司经合法传唤，拒不到庭应诉，法院缺席判决。

缺席判决是指法院在一方当事人没有正当理由拒不参加庭审或者没有经过法庭许可中途退庭的情况下，依法对案件所作的判决。开庭审理时，法院就到庭的一方当事人进行询问、核对证据、听取意见，在审查核实未到庭一方当事人提出的起诉状或答辩状和证据后，依法作出缺席判决。

缺席判决与对席判决具有同等法律效力。对于缺席判决，法院同样应当依照法定的方式和程序，向缺席的一方当事人宣告判决及送达判决书，并保障当事人的上诉权利的充分行使。

这里需要强调的是，法院对必须到庭的被告，经两次传票传唤，无正当理由拒不到庭的，可以拘传。必须到庭的被告，是指负有赡养、抚育、扶养义务和不到庭就无法查清案情的被告。法院对必须到庭才能查清案件基本事实的原告，经两次传票传唤，无正当理由拒不到庭的，可以拘传。拘传必须用拘传票，并直接送达被拘传人；在拘传前，应当向被拘传人说明拒不到庭的后果，经批评教育仍拒不到庭的，可以拘传其到庭。

问：什么是上诉？提起上诉的法定条件是什么？

答：本案中的原告或被告，如果对一审判决不服可以提出上诉。所谓上诉是指当事人不服第一审法院的判决或裁定，在法定期限内依法向上一级法院提出，对上诉事项进行审理的诉讼行为。

提起上诉应符合法定的条件，上诉的法定条件包括以下内容：

1.有法定的上诉对象，即可以提起上诉的判决和裁定。

可以提起上诉的判决包括地方各级法院适用普通程序和简易程序审理后作出的第一审判决，第二审法院发回重审后的判决，以及按照

27

第一审程序对案件再审作出的判决，但适用简易程序审理的小额案件实行一审终审，对其裁判不得提起上诉。

可以提起上诉的裁定包括不予受理的裁定、对管辖权有异议的裁定以及驳回起诉的裁定。

需要说明的是，按非讼程序审理后作出的裁判，第二审法院的终审裁判以及最高法院的一审裁判，当事人都不能提起上诉。

2. 有合法的上诉人和被上诉人。

上诉人与被上诉人必须是参加第一审程序的诉讼当事人，包括第一审程序中的原告和被告、有独立请求权的第三人及一审法院判决承担民事责任的无独立请求权第三人。

对于上诉当事人的诉讼地位，按照下列情况确定：

第一，双方当事人和第三人都提起上诉的，皆为上诉人。

第二，必要共同诉讼的一人或部分人提出上诉的，应按下列情况分别处理：

（1）该上诉是对与对方当事人之间权利义务分担有意见，不涉及其他共同诉讼人利益的，对方当事人为被上诉人，未上诉的同一方当事人依原审诉讼地位列明；

（2）该上诉是对共同诉讼人之间的权利义务分担有意见，不涉及对方当事人利益的，未上诉的同一方当事人为被上诉人，对方当事人依原审诉讼地位列明；

（3）该上诉对双方当事人之间以及共同诉讼人之间权利义务分担有意见的，没有提起上诉的其他当事人都为被上诉人。

3. 在法定期间提起上诉。

根据《中华人民共和国民事诉讼法》第一百六十四条规定，"当事人不服地方法院第一审判决的，有权在判决书送达之日起十五日内向上一级法院提起上诉。""当事人不服地方法院第一审裁定的，有权在裁定书送达之日起十日内向上一级法院提起上诉。"上诉期间从判决书、裁定书送达之日起计算。诉讼参加人各自接收裁判文书的，从各自的起算日分别开始计算；任何一方的上诉期未满，裁判处于一种不确定状态，当事人可以上诉。只有当双方当事人的上诉期都届满后，双方都没有提起上诉的裁判才发生法律效力。

4. 必须提交上诉状。

当事人提起上诉时必须递交上诉状。一审宣判时或判决书、裁定书送达时，当事人口头表示上诉的，法院应当告知当事人在上诉期间内提交上诉状，没有在法定上诉期间提交上诉状的，视为没有上诉。

虽然递交了上诉状，但没有在指定的期限内交纳上诉费的，按自动撤回上诉处理。

问：上诉状应当包括哪些内容？提起上诉的途径有哪些？

答：上诉应当递交上诉状。上诉状的内容应当写明：

第一，当事人的姓名，法人的名称及其法定代表人的姓名或者其他组织的名称及其主要负责人的姓名；

第二，原审人民法院名称，案件的编号和案由；

第三，上诉的请求和理由。

上诉请求是上诉人提起上诉所要达到的目的；上诉的理由是上诉人提出上诉的根据，是上诉人向上诉法院对一审法院在认定事实和适用法律方面持有异议的全面陈述。

上诉状应当通过原审法院提出，并按照对方当事人或者代表人的人数提出副本。当事人直接向第二审法院上诉的，第二审法院应当在五日内将上诉状移交原审人民法院。

（二）法院裁判的理由

一审法院认为，根据《中华人民共和国民事诉讼法》的规定，当事人有答辩并对对方当事人提交的证据进行质证的权利。本案中，某公司经合法传唤，拒不到庭应诉，应视为放弃答辩和质证的权利。

张某向某公司购买涉案产品并付款，某公司向张某发送了货物，双方形成买卖合同关系，该合同关系真实、合法、有效。

法院认为涉案食品玫瑰红茶不符合国家食品安全标准。

2012年8月29日，卫生部（现国家卫生健康委员会）发布《关于批准人参（人工种植）为新资源食品的公告》（2012年第17号），公告的附件列明了人参（人工种植）的基本信息、来源——5年及5年以下人工种植的人参；种属——五加科、人参属；食用部位——根及根茎；食用量≤3克/天。其他需要说明的情况：1.卫生安全指标应当符合我国相关标准要求；2.孕妇、哺乳期妇女及14周岁以下儿童不宜食用，标签、说明书中应当标注不适宜人群和食用限量。

上述公告明确了人参（人工种植）为新资源食品的要求和标准。

涉案食品玫瑰红茶属于普通食品，被告某公司在其中添加了人参及玫瑰花原料，某公司未能举证证明添加的人参是5年及5年以下人工种植的人参，即便添加的人参为5年及5年以下人工种植的人参，也应当按照规定标注食用限量及不适宜人群。不适宜人群及食用限量等信息关乎消费者的生命健康安全，如不按规定标示，将置消费者于误食、过量服食的危险之中，因此，不按规定标示不适用人群及食用限量是严重危及食品安全的行为。

玫瑰红茶产品仅标示孕期、哺乳期妇女慎用，未标示食用限量及14岁以下儿童不宜食用，因此，法院认为涉案食品玫瑰红茶不符合国家食品安全标准。

（三）法院裁判的法律依据

《中华人民共和国食品安全法》：

第一百四十八条　消费者因不符合食品安全标准的食品受到损害的，可以向经营者要求赔偿损失，也可以向生产者要求赔偿损失。接到消费者赔偿要求的生产经营者，应当实行首负责任制，先行赔付，不得推诿；属于生产者责任的，经营者赔偿后有权向生产者追偿；属于经营者责任的，生产者赔偿后有权向经营者追偿。

生产不符合食品安全标准的食品或者经营明知是不符合食品安全标准的食品，消费者除要求赔偿损失外，还可以向生产者或者经营者要求支付价款十倍或者损失三倍的赔偿金；增加赔偿的金额不足一千元的，为一千元。但是，食品的标签、说明书存在不影响食品安全且不会对消费者造成误导的瑕疵的除外。

《中华人民共和国民事诉讼法》：

第一百四十四条　被告经传票传唤，无正当理由拒不到庭的，或者未经法庭许可中途退庭的，可以缺席判决。

第二百五十三条　被执行人未按判决、裁定和其他法律文书指定的期间履行给付金钱义务的，应当加倍支付迟延履行期间的债务利息。被执行人未按判决、裁定和其他法律文书指定的期间履行其他义务的，应当支付迟延履行金。

（四）上述案例的启示

消费者依据《中华人民共和国食品安全法》的规定，要求生产者、经营者承担民事赔偿责任，应该了解以下内容：

第一，依法承担赔偿责任。违反《中华人民共和国食品安全法》的规定，造成人身、财产或者其他损害的，依法承担赔偿责任。

第二，民事赔偿责任优先。生产经营者财产不足以同时承担民事赔偿责任和缴纳罚款、罚金时，先承担民事赔偿责任。

第三，索赔选择权和首负责任制。消费者因不符合食品安全标准的食品受到损害的，可以向经营者要求赔偿损失，也可以向生产者要求赔偿损失。接到消费者赔偿要求的生产经营者，应当实行首负责任制，先行赔付，不得推诿；属于生产者责任的，经营者赔偿后有权向生产者追偿；属于经营者责任的，生产者赔偿后有权向经营者追偿。

第四，惩罚性赔偿，指赔偿数额超出实际的损害数额的赔偿。生产不符合食品安全标准的食品或者经营明知是不符合食品安全标准的食品，消费者可以依法要求惩罚性赔偿。

生产不符合食品安全标准的食品或者经营明知是不符合食品安全标准的食品，消费者除要求赔偿损失外，还可以向生产者或者经营者要求支付价款十倍或者损失三倍的赔偿金；增加赔偿的金额不足一千元的，为一千元。但是，食品的标签、说明书存在不影响食品安全且不会对消费者造成误导的瑕疵的除外。

第二部分　行政篇

案例一　餐饮公司做错事，县政府成为被告

一、引子和案例

（一）案例简介

本案例是对人民政府作出的行政复议决定不服而引起的行政诉法。

2015 年 6 月 5 日，原告吕某以邮寄投诉书的方式，向某县市场监督管理局投诉 M 餐饮食品有限公司（以下简称 M 公司）在经营中存在虚假宣传、生产经营的食品标签上标注的外文与中文没有对应关系，以及赠送的食品违反食品安全标准等违法行为，请求某县市场监督管理局依法处理。

某县市场监督管理局于 2015 年 7 月 3 日向原告邮寄送达回复书，告知对 M 公司虚假宣传行为已立案查处，并责令 M 公司立即停止违法行为，消除影响。吕某于 2015 年 7 月 11 日收到该回复书。2015 年 8 月 11 日，某县市场监督管理局作出《举报（投诉）反馈告知书》，告知原告已对 M 公司虚假宣传行为作出罚款 10,000 元的行政处罚，请原告接到该告知书后于 30 个工作日内，携带本人有效身份证明，依法定程序向某县市场监督管理局提出奖励申请，无正当理由逾期未提出奖励申请的，视为放弃奖励权利。

2015年9月30日，原告向被告某县人民政府提出行政复议，请求：1.确认某县市场监督管理局未完全处理告知其"举报事项处理结果以及延期"行为违法；2.责令某县市场监督管理局依法履行法定职责并告知申请人结果。

2015年10月13日，某县人民政府以原告的复议申请超过法定期限为由作出复不受字[2015]3号《不予受理行政复议申请决定书》，并于2015年10月14日邮寄送达原告。原告于2015年10月20日收到该决定书，对该决定书不服，向合肥市中级人民法院提起行政诉讼。请求撤销某县人民政府复不受字[2015]3号《不予受理行政复议申请决定书》；责令某县人民政府重新作出行政复议决定。

（二）裁判结果

一审法院合肥市中级人民法院认为，原告于2015年9月30日向被告提出行政复议，要求确认被申请人某县市场监督管理局未完全处理告知申请人举报事项处理结果行为违法，已超过法定行政复议期限，被告据此不予受理其行政复议申请，合法有据；原告的诉讼请求不能成立，不予支持。依照《中华人民共和国行政诉讼法》的相关规定，判决驳回原告吕某的诉讼请求。

吕某不服一审判决，向安徽省高级人民法院提出上诉。上诉称：上诉人于2015年6月5日提出的投诉，包括某公司虚假宣传与违反食品安全标准等方面，某县市场监督管理局2015年7月3日的回复书、2015年8月11日的《举报（投诉）反馈告知书》仅涉及虚假宣传方面的内容，对违反食品安全标准方面的问题未作处理，故其请求某县政府确认某县市场监督管理局未完全处理投诉人举报事项处理结果行为违法的复议申请，符合法律规定，亦未超过复议期限。请求二审人民法院：1.撤销一审判决；2.撤销被诉复议决定，并判令某县人民政府受理其复议申请。

二审法院依照《中华人民共和国行政诉讼法》的相关规定，判决：1. 撤销合肥市中级人民法院（2015）合行初字第 0020X 号行政判决；2. 撤销某县人民政府复不受字 [2015]3 号《不予受理行政复议申请决定书》；3. 责令某县人民政府于本判决生效之日起六十日内重新作出行政复议决定。一、二审案件受理费各 50 元，由被上诉人某县人民政府负担。

（三）与案例相关的部分问题有：

消费者遇到食品安全问题时，可以向什么部门投诉举报？

什么是行政复议？

不履行法定职责行政案件形成的一般条件是什么？

什么是行政复议申请人？

什么是行政复议被申请人？

什么是行政复议机关？对县级以上地方各级人民政府工作部门的具体行政行为不服的，可向什么行政复议机关提出行政复议申请？

什么是行政复议决定？在哪些情形下，行政复议机关应当决定驳回行政复议申请？

什么是行政诉讼判决？什么是一审行政判决？

什么是驳回诉讼请求判决？

什么是上诉行政案件的裁判？什么是上诉行政案件的依法改判、撤销或者变更原判？

什么是限期履行判决？

二、相关知识

问：消费者遇到食品安全问题时，可以向什么部门投诉举报？

答：消费者遇到食品安全等问题，可以向食品安全监督管理部门或者派出机构投诉举报。投诉举报电话有 12315、12331 等。

食品药品投诉举报是指公民、法人或者其他组织向各级食品药品监督管理部门反映生产者、经营者等主体在食品（含食品添加剂）生产、经营环节中有关食品安全方面，药品、医疗器械、化妆品研制、生产、经营、使用等环节中有关产品质量安全方面存在的涉嫌违法行为。

按照《中华人民共和国食品安全法》的规定，任何组织或者个人有权举报食品安全违法行为，依法向有关部门了解食品安全信息，对食品安全监督管理工作提出意见和建议。对在食品安全工作中做出突出贡献的单位和个人，按照国家有关规定给予表彰、奖励。

县级以上政府对本行政区域的食品安全监督管理工作负责，统一领导、组织、协调本行政区域的食品安全监督管理工作以及食品安全突发事件应对工作，建立健全食品安全全程监督管理工作机制和信息共享机制。县级政府食品药品监督管理部门可以在乡镇或者特定区域设立派出机构。

三、与案件相关的法律问题

（一）学理知识

问：什么是行政复议？

答：行政复议是指申请人认为行政机关所作出的行政行为侵犯其合法权益，依法向具有法定权限的行政机关申请复议，由复议机关依法对被申请行政行为的合法性、适当性进行审查并作出裁决决定的制度规则。

公民、法人或者其他组织对行政复议决定不服的，可以依照《中华人民共和国行政诉讼法》的规定向人民法院提起行政诉讼，但是法律规定行政复议决定为最终裁决的除外。

问：不履行法定职责行政案件形成的一般条件是什么？

答：不履行法定职责行政案件是指公民、法人或其他组织认为行政机关拒不履行保护人身权、财产权等合法权益的法定职责而引起的行政案件。

不履行法定职责行政案件形成的一般条件是：

第一，公民向行政机关提出了保护申请；

第二，接到申请的行政机关负有法定职责；

第三，行政机关对公民、法人或其他组织的申请拒绝履行或者不予答复。

以下情况属于不履行法定职责行政案件：

1. 申请行政许可，行政机关拒绝或者在法定期限内不予答复，或者对行政机关作出的有关行政许可的其他决定不服的；

2. 申请行政机关履行保护人身权、财产权等合法权益的法定职责，行政机关拒绝履行或者不予答复的；

3. 认为行政机关没有依法支付抚恤金、最低生活保障待遇或者社会保险待遇的；

4. 认为行政机关不依法履行、未按照约定履行或者违法变更、解除政府特许经营协议、土地房屋征收补偿协议等协议的；

5. 认为行政机关侵犯其他人身权、财产权等合法权益的。

问：什么是行政复议申请人？

答：行政复议申请人是指认为具体行政行为侵犯其合法权益，依法向行政机关提出行政复议申请的公民、法人或者其他组织。本案原告吕某是行政复议申请人。

在特定条件下，行政复议申请人的资格也可能发生转移。根据《中华人民共和国行政复议法》第十条规定，行政复议申请人资格转移的情形有：

1. 有权申请行政复议的公民死亡的，其近亲属可以申请行政复议。

2. 有权申请行政复议的公民为无行为能力人或者限制行为能力人的，其法定代理人可以代为申请行政复议。

3. 有权申请行政复议的法人或者其他组织终止，承受其权利的法人或者其他组织可以申请行政复议。

此外，对合伙企业、不具备法人资格的其他组织及股份制企业申请行政复议的申请人资格有特殊规定。合伙企业申请行政复议的，应当以核准登记的企业为申请人，由执行合伙事务的合伙人代表该企业参加行政复议；其他合伙组织申请行政复议的，由合伙人共同申请行政复议。上述规定以外的不具备法人资格的其他组织申请行政复议的，由该组织的主要负责人代表该组织参加行政复议；没有主要负责人的，由共同推选的其他成员代表该组织参加行政复议。股份制企业的股东大会、股东代表大会、董事会认为行政机关作出的具体行政行为侵犯企业合法权益的，可以以企业的名义申请行政复议。

问：什么是行政复议被申请人？

答：行政复议被申请人是指作出具体行政行为被申请复议的行政机关。公民、法人或者其他组织对行政机关的具体行政行为不服申请行政复议的，作出具体行政行为的行政机关是被申请人。本案某县市场监督管理局是行政复议被申请人。

根据《中华人民共和国行政复议法》《中华人民共和国行政复议法实施条例》等规定，行政复议被申请人的范围包括以下几种：

1. 独立被申请人。公民、法人或者其他组织对行政机关的行政行为不服申请复议，作出具体行政行为的行政机关是被申请人。

2. 共同被申请人。两个或两个以上行政机关以共同名义作出具体行政行为的，共同作出具体行政行为的行政机关是共同被申请人。行政机关与法律、法规授权的组织以共同的名义作出具体行政行为的，行政机关和法律、法规授权的组织为共同被申请人。行政机关与其他组织以共同名义作出具体行政行为的，行政机关为被申请人。

3.法定授权的组织作为被申请人。法律、法规授权的组织作出具体行政行为的，该组织是被申请人。

4.委托的行政机关是被申请人。行政机关委托的组织作出具体行政行为的，委托的行政机关是被申请人。因为受委托的组织本身没有法定授权，只是基于行政机关的委托代为行使行政权，由于受委托组织的行为引起的争议，自然应当由委托机关作为被申请人。

5.批准机关是被申请人。下级行政机关依照法律、法规、规章规定，经上级行政机关批准作出具体行政行为的，批准机关是被申请人。

6.派出机关是被申请人。县级以上地方人民政府依法设立的派出机关作出具体行政行为的，该派出机关是被申请人。

7.派出机构是被申请人。政府工作部门依法设立的派出机构作出具体行政行为的，如果法律、法规或者规章明确授权派出机构可以以自己的名义作出该具体行政行为，该派出机构是被申请人。否则，设立该派出机构的行政机关是被申请人。

8.继续行使其职权的行政机关是被申请人。作出具体行政行为的行政机关被撤销的，继续行使其职权的行政机关是被申请人。如果原行政职权已经被取消或者转变，不再属于行政机关的管辖范围，那么撤销该行政机关的行政机关为被申请人。

问：什么是行政复议机关？对县级以上地方各级人民政府工作部门的具体行政行为不服的，可向什么行政复议机关提出行政复议申请？

答：行政复议机关是指依照法律的规定，履行行政复议职责，有权受理行政复议申请，依法对具体行政行为进行审查并作出裁决的行政机关。行政复议机关履行行政复议职责，应当遵循合法、公正、公开、及时、便民的原则，坚持有错必纠，保障法律、法规的正确实施。

对县级以上地方各级人民政府工作部门的具体行政行为不服的，由申请人选择，可以向该部门的本级人民政府申请行政复议，也可以向上一级主管部门申请行政复议。比如，本案中当事人对某县市场监督管理局的决定不服，申请行政复议，可以找县政府，也可以找上一级的市场监督管理部门，即市级监督管理局。

对实行垂直领导的行政机关和国家安全机关的具体行政行为不服的，行政复议机关是上一级主管部门。对海关、金融、国税、外汇管理等实行垂直领导的行政机关和国家安全机关的具体行政行为不服的，向其上一级主管部门申请行政复议。

问：什么是行政复议决定？在哪些情形下，行政复议机关应当决定驳回行政复议申请？

答：行政复议决定是指行政复议机关通过复议审理，在查明事实的基础上，依照法律、法规和规章以及其他规范性文件，对有争议的具体行政行为是否合法、适当作出的判断和处理。行政复议机关作出行政复议决定，应当制作行政复议决定书，并加盖印章。行政复议决定书一经送达，即发生法律效力。

有下列情形之一的，行政复议机关应当决定驳回行政复议申请：

1. 申请人认为行政机关不履行法定职责申请行政复议，行政复议机关受理后发现该行政机关没有相应法定职责或者在受理前已经履行法定职责的；

2. 受理行政复议申请后，发现该行政复议申请不符合《中华人民共和国行政复议法》和《中华人民共和国行政复议法实施条例》规定的受理条件的。

上级行政机关认为行政复议机关驳回行政复议申请的理由不成立的，应当责令其恢复审理。

问：什么是行政诉讼判决？什么是一审行政判决？

答：行政诉讼判决是指法院根据当事人的诉讼请求，经过审理，就被诉行政行为的合法性及相关争议依法作出的实体性处理决定。

按照审级标准可将行政诉讼判决分为一审判决、二审判决和再审判决；按照判决是否发生法律效力可将行政诉讼判决分为生效判决和未生效判决；等等。

一审行政判决是指一审法院按照一审程序经过审理，根据不同情况对行政诉讼案件作出的判定，当事人对一审判决不服的有权对上一级法院提出上诉。一审判决包括八种方式，分别是：驳回原告诉讼请求判决，撤销判决，履行判决，给付判决，确认违法判决，确认无效判决，变更判决和被告承担继续履行、采取补救措施或者赔偿损失责任判决。

问：什么是驳回诉讼请求判决？

答：驳回诉讼请求判决是指人民法院经过审理后，认定被诉行政行为合法或者原告的诉讼请求不能成立，依法予以驳回的判决形式。

驳回诉讼请求判决适用于以下几种情况：

1. 被诉具体行政行为合法，行政行为证据确凿，适用法律、法规正确，符合法定程序的；

2. 原告理由不能成立的，即原告申请被告履行法定职责或者给付义务理由不成立的，如行政机关没有法定职责等；

3. 其他应当判决驳回诉讼请求的情形。

《中华人民共和国行政诉讼法》规定，行政行为证据确凿，适用法律、法规正确，符合法定程序的，或者原告申请被告履行法定职责或者给付义务理由不成立的，人民法院判决驳回原告的诉讼请求。

问：什么是上诉行政案件的裁判？什么是上诉行政案件的依法改判、撤销或者变更原判？

答：当事人不服法院第一审判决的，有权在判决书送达之日起十五日内向上一级法院提起上诉。当事人不服法院第一审裁定的，有权在裁定书送达之日起十日内向上一级法院提起上诉。逾期不提起上诉的，法院的第一审判决或者裁定发生法律效力。

二审程序对上述案件进行审理后，根据不同情况作出裁判。上诉行政案件的裁判有驳回上诉，维持原判；依法改判、撤销或者变更原判；裁定撤销原判决，发回原审法院重审等。

依法改判、撤销或者变更原判是指二审法院通过对上诉案件的审理，认为原判决、裁定认定事实错误或者适用法律、法规错误的，依法改判、撤销或者变更原判决、裁定；如果认为原判决认定基本事实不清，可以查清事实后改判。

法院审理上诉案件，需要改变原审判决的，应当同时对被诉行政行为作出判决。

问：什么是限期履行判决？

答：限期履行判决是指法院经过对行政案件的审理，认定被告负有法定职责而没有正当理由不履行或者拖延履行法定职责，要求被告在一定期限内履行其法定职责的判决。

原告请求被告履行法定职责的理由成立，被告违法拒绝履行或者无正当理由逾期不予答复的，法院可以依法判决被告在一定期限内依法履行原告请求的法定职责；尚需被告调查或者裁量的，应当判决被告针对原告的请求重新作出处理。

（二）法院裁判的理由

《中华人民共和国行政复议法实施条例》第十六条规定："公民、

法人或者其他组织依照行政复议法第六条第（八）项、第（九）项、第（十）项的规定申请行政机关履行法定职责，行政机关未履行的，行政复议申请期限依照下列规定计算：（一）有履行期限规定的，自履行期限届满之日起计算；（二）没有履行期限规定的，自行政机关收到申请满 60 日起计算。"

2015 年 6 月 5 日，吕某认为 M 公司存在虚假宣传及违反食品安全标准等多方面的违法行为，向某县市场监督管理局投诉，该局对其作出回复书与《举报（投诉）反馈告知书》，但该回复书与《举报（投诉）反馈告知书》仅涉及对 M 公司虚假宣传行为的处理，并未涉及违反食品安全标准等其他问题。

2015 年 9 月 30 日，吕某向某县人民政府申请行政复议。从吕某复议的请求及理由来看，他不是不服某县市场监督管理局对 M 公司虚假宣传行为作出的行政处罚，而是不服该局对其投诉的 M 公司违反食品安全标准等问题未予答复，认为某县市场监督管理局未完全履行法定职责而申请行政复议。

因法律、法规对查处违反食品安全标准等行为的期限未作明确规定，故吕某申请复议的期限应从某县市场监督管理局收到该项投诉申请满 60 日起计算。吕某于 2015 年 6 月 5 日申请某县市场监督管理局履行多项法定职责，除虚假宣传以外的行为，该局未告知吕某投诉的其他事项查处结果，故吕某可从 2015 年 8 月 6 日起两个月内申请行政复议，现吕某于 2015 年 9 月 30 日向某县人民政府申请行政复议，并未超过法定期限。

一审判决认定事实基本清楚，但适用法律不当，某县人民政府不予受理吕某的复议申请错误。

（三）法院裁判的法律依据

《中华人民共和国行政复议法》：

第六条 有下列情形之一的，公民、法人或者其他组织可以依照本法申请行政复议：

（一）对行政机关作出的警告、罚款、没收违法所得、没收非法财物、责令停产停业、暂扣或者吊销许可证、暂扣或者吊销执照、行政拘留等行政处罚决定不服的；

（二）对行政机关作出的限制人身自由或者查封、扣押、冻结财产等行政强制措施决定不服的；

（三）对行政机关作出的有关许可证、执照、资质证、资格证等证书变更、中止、撤销的决定不服的；

（四）对行政机关作出的关于确认土地、矿藏、水流、森林、山岭、草原、荒地、滩涂、海域等自然资源的所有权或者使用权的决定不服的；

（五）认为行政机关侵犯合法的经营自主权的；

（六）认为行政机关变更或者废止农业承包合同，侵犯其合法权益的；

（七）认为行政机关违法集资、征收财物、摊派费用或者违法要求履行其他义务的；

（八）认为符合法定条件，申请行政机关颁发许可证、执照、资质证、资格证等证书，或者申请行政机关审批、登记有关事项，行政机关没有依法办理的；

（九）申请行政机关履行保护人身权利、财产权利、受教育权利的法定职责，行政机关没有依法履行的；

（十）申请行政机关依法发放抚恤金、社会保险金或者最低生活保障费，行政机关没有依法发放的；

（十一）认为行政机关的其他具体行政行为侵犯其合法权益的。

第九条　公民、法人或者其他组织认为具体行政行为侵犯其合法权益的，可以自知道该具体行政行为之日起六十日内提出行政复议申请；但是法律规定的申请期限超过六十日的除外。

因不可抗力或者其他正当理由耽误法定申请期限的，申请期限自障碍消除之日起继续计算。

《中华人民共和国行政复议法实施条例》：

第十六条　公民、法人或者其他组织依照行政复议法第六条第（八）项、第（九）项、第（十）项的规定申请行政机关履行法定职责，行政机关未履行的，行政复议申请期限依照下列规定计算：

（一）有履行期限规定的，自履行期限届满之日起计算；

（二）没有履行期限规定的，自行政机关收到申请满 60 日起计算。

公民、法人或者其他组织在紧急情况下请求行政机关履行保护人身权、财产权的法定职责，行政机关不履行的，行政复议申请期限不受前款规定的限制。

《中华人民共和国行政诉讼法》：

第六十九条　行政行为证据确凿，适用法律、法规正确，符合法定程序的，或者原告申请被告履行法定职责或者给付义务理由不成立的，人民法院判决驳回原告的诉讼请求。

第七十二条　人民法院经过审理，查明被告不履行法定职责的，判决被告在一定期限内履行。

第八十九条　人民法院审理上诉案件，按照下列情形，分别处理：

（一）原判决、裁定认定事实清楚，适用法律、法规正确的，判决或者裁定驳回上诉，维持原判决、裁定；

（二）原判决、裁定认定事实错误或者适用法律、法规错误的，依法改判、撤销或者变更；

（三）原判决认定基本事实不清、证据不足的，发回原审人民法院重审，或者查清事实后改判；

（四）原判决遗漏当事人或者违法缺席判决等严重违反法定程序的，裁定撤销原判决，发回原审人民法院重审。

原审人民法院对发回重审的案件作出判决后，当事人提起上诉的，第二审人民法院不得再次发回重审。

人民法院审理上诉案件，需要改变原审判决的，应当同时对被诉行政行为作出判决。

（四）上述案例的启示

本案是因食品经营者虚假宣传行为引起的，这对其他食品经营者也是一个启示。经营活动要诚实守信，不能虚假宣传，误导消费者。以下介绍什么是虚假宣传，虚假宣传的要件，虚假宣传的行政法律责任有哪些，什么是虚假广告，虚假广告的行政法律责任有哪些。

1.什么是虚假宣传？

虚假宣传是指经营者对其商品的性能、功能、质量、销售状况、用户评价、曾获荣誉等作虚假或者引人误解的商业宣传，欺骗、误导消费者或者通过组织虚假交易等方式，帮助其他经营者进行虚假或者引人误解的商业宣传的行为。

虚假宣传违反诚实信用原则，《中华人民共和国反不正当竞争法》《中华人民共和国广告法》禁止虚假宣传。《中华人民共和国反不正当竞争法》规定："经营者不得对其商品的性能、功能、质量、销售状况、用户评价、曾获荣誉等作虚假或者引人误解的商业宣传，欺骗、误导消费者。经营者不得通过组织虚假交易等方式，帮助其他经营者进行虚假或者引人误解的商业宣传。"

2. 虚假宣传的要件：

（1）行为的主体是经营者，包括为自己进行虚假宣传和为他人进行虚假宣传的经营者。经营者是广告主、广告代理制作者和广告发布者的，优先适用《中华人民共和国广告法》的规定；

（2）上述主体实施了虚假宣传的行为；

（3）上述虚假广告或虚假宣传达到足以引人误解的程度。

3. 虚假宣传的行政法律责任有哪些？

一般虚假宣传的行政法律责任包括罚款、吊销营业执照等。《中华人民共和国反不正当竞争法》规定，经营者对其商品作虚假或者引人误解的商业宣传，或者通过组织虚假交易等方式帮助其他经营者进行虚假或者引人误解的商业宣传的，由监督检查部门责令停止违法行为，处二十万元以上一百万元以下的罚款；情节严重的，处一百万元以上二百万元以下的罚款，可以吊销营业执照。

4. 什么是虚假广告？

广告是指在中国境内，商品经营者或者服务提供者通过一定媒介和形式直接或者间接地介绍自己所推销的商品或者服务的商业广告活动。

《中华人民共和国广告法》规定："广告应当真实、合法，以健康的表现形式表达广告内容，符合社会主义精神文明建设和弘扬中华民族优秀传统文化的要求。""广告不得含有虚假或者引人误解的内容，不得欺骗、误导消费者。广告主应当对广告内容的真实性负责。"

经营者发布虚假广告的，依照《中华人民共和国广告法》的规定处罚。

广告以虚假或者引人误解的内容欺骗、误导消费者的，构成虚假广告。有下列情形之一的，为虚假广告：

（1）商品或者服务不存在的；

（2）商品的性能、功能、产地、用途、质量、规格、成分、价格、生产者、有效期限、销售状况、曾获荣誉等信息，或者服务的内容、提供者、形式、质量、价格、销售状况、曾获荣誉等信息，以及与商品或者服务有关的允诺等信息与实际情况不符，对购买行为有实质性影响的；

（3）使用虚构、伪造或者无法验证的科研成果、统计资料、调查结果、文摘、引用语等信息作证明材料的；

（4）虚构使用商品或者接受服务的效果的；

（5）以虚假或者引人误解的内容欺骗、误导消费者的其他情形。

5.虚假广告的行政法律责任有哪些？

虚假广告的行政法律责任包括责令停止发布广告、消除影响、罚款、吊销营业执照、撤销广告审查批准文件、一年内不受理广告审查申请等。

违反《中华人民共和国广告法》的规定，发布虚假广告的，由市场监督管理部门责令停止发布广告，责令广告主在相应范围内消除影响，处广告费用三倍以上五倍以下的罚款，广告费用无法计算或者明显偏低的，处二十万元以上一百万元以下的罚款；两年内有三次以上违法行为或者有其他严重情节的，处广告费用五倍以上十倍以下的罚款，广告费用无法计算或者明显偏低的，处一百万元以上二百万元以下的罚款，可以吊销营业执照，并由广告审查机关撤销广告审查批准文件、一年内不受理其广告审查申请。

医疗机构有前款规定违法行为，情节严重的，除由市场监督管理部门依照本法处罚外，卫生行政部门可以吊销诊疗科目或者吊销医疗机构执业许可证。

广告经营者、广告发布者明知或者应知广告虚假仍设计、制作、代理、发布的，由市场监督管理部门没收广告费用，并处广告费用三倍以上五倍以下的罚款，广告费用无法计算或者明显偏低的，处二十万元以上一百万元以下的罚款；两年内有三次以上违法行为或者有其他严重情节的，处广告费用五倍以上十倍以下的罚款，广告费用无法计算或者明显偏低的，处一百万元以上二百万元以下的罚款，并可以由有关部门暂停广告发布业务、吊销营业执照、吊销广告发布登记证件。

案例二 宣传语不合规定，公司被行政处罚

一、引子和案例

（一）案例简介

本案例是公司随意使用"非转基因"宣传语，不符合事实而引起的行政诉讼。

2015年9月，某公司开始在其生产并销售的系列葵花籽油产品包装上使用如下宣传语："非转基因""精选非转基因葵花籽，采用科学技术，保留葵花籽中珍贵的三元素：磷脂、叶黄素与活性 α 维生素E，特别献给关注家人健康的您。""精挑细选非转基因葵花籽，采用先进的技术生产出富含维生素E的葵花籽油，是健康高质量的食用油，这就是某某葵花籽油畅销的秘诀！""非转基因健康营养葵花籽油！""非转基因葵花籽食用调和油""非转基因葵花籽食用调和油，精选5种非转基因原料：葵花籽、玉米、芝麻、花生和亚麻籽，不经人工基因改造，采用科学压榨，先进充氮保鲜技术，不添加人工香精和抗氧化剂，将美味和营养完美调和，纯香又健康！""非转基因健康又安心！"

2015年11月11日，工商局某分局根据群众举报，对涉案的系列葵花籽油外包装宣传用语涉嫌误导消费的行为立案调查，经调查取证

后，于 2016 年 11 月 5 日召开听证会，2017 年 1 月 4 日作出行政处罚决定书，认定：某公司在涉案商品外包装上使用"非转基因"等宣传用语的行为，隐瞒了葵花籽没有转基因与非转基因之分的事实，侵犯了消费者的知情权和选择权，也侵犯了其他同业竞争者的合法权益，破坏了公平、公正的市场竞争秩序，违反了《中华人民共和国消费者权益保护法》第二十条第一款"经营者向消费者提供有关商品或者服务的质量、性能、用途、有效期限等信息，应当真实、全面，不得作虚假或引人误解的宣传"的规定，构成对商品作引人误解的宣传行为。

依据《中华人民共和国消费者权益保护法》第五十六条和《中华人民共和国反不正当竞争法》（1993 年版）第二十四条之规定，责令某公司停止违法行为，消除影响并罚款 15 万元。

2017 年 2 月 16 日，某公司向市政府申请复议，市政府于 2017 年 5 月 9 日作出行政复议决定书，维持工商局某分局作出的行政处罚决定书。

但某公司至今未缴纳罚款。某公司对市政府作出的行政复议决定书不服，向某区人民法院提起行政诉讼，诉讼请求包括：1. 撤销市政府作出的行政复议决定书；2. 撤销工商局某分局作出的行政处罚决定书；3. 由两名被告承担本案的诉讼费用。

（二）裁判结果

一审法院认为，工商局某分局作出的行政处罚行为及市政府的复议行为证据确凿，适用法律、法规正确，符合法定程序，处罚合理。依据《中华人民共和国行政诉讼法》第六十九条的规定，判决驳回某公司的诉讼请求。

某公司不服某区人民法院的行政判决，向吉林省吉林市中级人民法院提起上诉。

二审法院认为，原审判决认定基本事实清楚，适用法律正确，依法应予维持；上诉人的上诉理由不成立，法院不予支持；依照《中华人民共和国行政诉讼法》第八十九条第一款第（一）项的规定判决驳回上诉，维持原判；二审案件受理费 50 元，由上诉人某公司负担。

（三）与案例相关的部分问题有：

什么是转基因食品？

什么是农业转基因生物？什么是农业转基因生物安全？

农业转基因生物标识的标注要求是什么？

什么是行政行为相对人？

本案的原告某公司属于行政行为的相对人还是与行政行为有利害关系的人？

哪些情形属于《中华人民共和国行政诉讼法》所说的"与行政行为有利害关系"？

本案中工商局某分局、某市政府为什么是共同被告？

假如复议机关市政府改变工商局某分局对某公司的处罚决定，谁是被告？

假如市政府在法定期限内未作出复议决定，某公司提起行政诉讼，谁是被告？

二、相关知识

问：什么是转基因食品？

答：转基因食品是指以转基因生物为直接食品或为原料加工生产的食品。转基因是指通过基因工程技术将一种或几种外源性基因转移到某种特定的生物体中，改造生物的遗传物质并使外源性基因有效地表达出相应的产物，使某种特定生物在形状、营养品质等方面向人们

53

所需要的目标转变的过程。

以转入了抗除草剂的转基因大豆为例，当喷洒除草剂时没有抗除草剂基因的其他植物会被杀死，但是转基因大豆不受影响，因为该大豆中转入了抗除草剂的基因。以转入了抗除草剂的转基因大豆为原料加工生产的食品是转基因食品。

根据转基因食品原料来源的不同，转基因食品可分为不同类型：

1. 植物性转基因食品，是指以含有转基因的植物为原料的转基因食品，如以转基因大豆为原料生产的大豆油等。

2. 动物性转基因食品，是指以含有转基因的动物为原料的转基因食品，如转基因牛肉、猪肉等。

3. 微生物转基因食品，是指以含有转基因的微生物为原料的转基因食品，如转基因凝乳酶。

我国目前关于转基因的法规有国务院发布的《农业转基因生物安全管理条例》、农业部（现农业农村部）的《农业转基因生物安全评价管理办法》《农业转基因生物标识管理办法》。

问：什么是农业转基因生物？什么是农业转基因生物安全？

答：农业转基因生物是指利用基因工程技术改变基因组构成，用于农业生产或者农产品加工的动植物、微生物及其产品，主要包括：

1. 转基因动植物（含种子、种畜禽、水产苗种）和微生物；

2. 转基因动植物、微生物产品；

3. 转基因农产品的直接加工品；

4. 含有转基因动植物、微生物或者其产品成分的种子、种畜禽、水产苗种、农药、兽药、肥料和添加剂等产品。

农业转基因生物安全是指防范农业转基因生物对人类、动植物、微生物和生态环境构成的危险或者潜在风险。

问：农业转基因生物标识的标注要求是什么？

答：下列这些农业转基因产品应当有相应的标识标注：

1. 大豆种子、大豆、大豆粉、大豆油、豆粕。

2. 玉米种子、玉米、玉米油、玉米粉（含税号为 11022000、11031300、11042300 的玉米粉）。

3. 油菜种子、油菜籽、油菜籽油、油菜籽粕。

4. 棉花种子。

5. 番茄种子、鲜番茄、番茄酱。

上述农业转基因生物应当按照以下要求标识标注：

1. 转基因动植物（含种子、种畜禽、水产苗种）和微生物，转基因动植物、微生物产品，含有转基因动植物、微生物或者其产品成分的种子、种畜禽、水产苗种、农药、兽药、肥料和添加剂等产品，直接标注"转基因 ××"。

2. 转基因农产品的直接加工品，标注为"转基因 ×× 加工品（制成品）"或者"加工原料为转基因 ××"。

3. 用农业转基因生物或用含有农业转基因生物成分的产品加工制成的产品，但最终销售产品中已不再含有或检测不出转基因成分的产品，标注为"本产品为转基因 ×× 加工制成，但本产品中已不再含有转基因成分"，或者标注为"本产品加工原料中有转基因 ××，但本产品中已不再含有转基因成分"。

三、与案件相关的法律问题

（一）学理知识

问：什么是行政行为相对人？

答：行政行为相对人是指行政管理法律关系中与行政主体相对应的另一方当事人，即行政主体的行政行为影响其权益的公民、法人或者其他组织。

依据不同的标准，行政行为相对人可以分为：

1. 个人相对人、法人相对人与其他组织相对人。

个人相对人不一定是单个的个人，在一定的具体行政法律关系中，行政主体的行为可能涉及多个个人，即使这些个人数量再多，他们仍是个人相对人。

2. 直接相对人与间接相对人。

直接相对人是行政主体行政行为的直接对象，其权益受到行政行为的直接影响，如行政许可、行政给付的申请人，行政征收的被征收人，行政处罚的被处罚人，等等；间接相对人是行政主体行政行为的间接对象，其权益受到行政行为的间接影响，如治安处罚关系中受到被处罚人行为侵害的人，行政许可关系中其权益可能受到许可行为不利影响的与申请人有利害关系的人（公平竞争人或相邻人），行政给付关系中依靠给付对象抚养或扶养的直系亲属，等等。

3. 作为行为的相对人与不作为行为的相对人。

行政相对人权益受到行政行为作为方式影响的称为"作为行为的相对人"，如行政征收、行政强制、行政裁决、行政许可、行政处罚中的相对人。行政相对人权益受到行政行为不作为方式影响的称为"不作为行为的相对人"，如行政机关不履行法定职责，导致其人身权益或财产权被侵害的相对人、行政机关不依法发给其抚恤金或者对其申请许可证照的请求不予答复的相对人，等等。

4. 抽象相对人与具体相对人。

行政相对人受到抽象行政行为间接潜在影响的相对人是抽象相对人；行政相对人受到具体行政行为直接实际影响的相对人是具体相对人。

5. 授益相对人与侵益相对人。

通过行政行为获取某种权益的相对人为授益相对人；因行政行为而失去某种权益或使其利益受到侵害的相对人为侵益相对人。

问：本案的原告某公司属于行政行为的相对人还是与行政行为有利害关系的人？

答：行政诉讼原告是指认为行政行为侵犯其合法权益，依法向法院提起诉讼的行政行为的相对人以及其他与行政行为有利害关系的公民、法人或者其他组织。

可以把行政诉讼原告分为两类：一是行政行为的相对人，即与行政行为相对的公民、法人或者其他组织；二是"与行政行为有利害关系"的公民、法人或者其他组织。

本案的原告某公司属于行政行为的相对人。

问：哪些情形属于《中华人民共和国行政诉讼法》所说的"与行政行为有利害关系"？

答：认为行政行为侵犯其合法权益，依法向法院提起诉讼的与行政行为有利害关系的公民、法人或者其他组织是原告。

有下列情形之一的，属于"与行政行为有利害关系"：

1. 被诉的行政行为涉及其相邻权或者公平竞争权的；

2. 在行政复议等行政程序中被追加为第三人的；

3. 要求行政机关依法追究加害人法律责任的；

4. 撤销或者变更行政行为涉及其合法权益的；

5. 为维护自身合法权益向行政机关投诉，具有处理投诉职责的行政机关作出或者未作出处理的；

6. 其他与行政行为有利害关系的情形。

问：本案中工商局某分局、某市政府为什么是共同被告？

答：本案有两个被告：工商局某分局、某市政府，它们是共同被告。

行政诉讼的被告是被原告起诉指控侵犯其行政法上的合法权益和

与之发生行政争议，而由法院通知应诉的行政机关或法律法规规章授权的组织。

行政诉讼的共同被告是被原告起诉指控侵犯其行政法上的合法权益和与之发生行政争议，而由法院通知应诉的两个以上的行政机关或法律法规规章授权的组织。

行政诉讼被告确认的原则是：作出行政行为的行政机关是被告。如果复议机关决定维持原行政行为的，作出原行政行为的行政机关和复议机关是共同被告；复议机关决定维持原行政行为，包括复议机关驳回复议申请或者复议请求的情形，但以复议申请不符合受理条件为由驳回的除外。

复议机关改变原行政行为所认定的主要事实和证据、改变原行政行为所适用的规范依据，但未改变原行政行为处理结果的，视为复议机关维持原行政行为。

本案某公司向市政府申请复议，市政府于2017年5月9日作出行政复议决定书，维持工商局某分局作出的行政处罚决定书。因此，作出原行政行为的行政机关工商局某分局和复议机关市政府是共同被告。

问：假如复议机关市政府改变工商局某分局对某公司的处罚决定，谁是被告？

答：如果市政府改变工商局某分局对某公司的处罚决定，市政府是被告。

按照《中华人民共和国行政诉讼法》的规定，复议机关改变原行政行为的，复议机关是被告。

"复议机关改变原行政行为"是指复议机关改变原行政行为的处理结果。复议机关改变原行政行为所认定的主要事实和证据，改变原行政行为所适用的规范依据，但未改变原行政行为处理结果的，视为复议机关维持原行政行为。复议机关确认原行政行为无效，属于改变原行政行为。复议机关确认原行政行为违法，属于改变原行政行为，但复议机关以违反法定程序为由确认原行政行为违法的除外。

问：假如市政府在法定期限内未作出复议决定，某公司提起行政诉讼，谁是被告？

答：要根据某公司的诉讼请求来看：

第一，工商局某分局是被告。

依据《中华人民共和国行政诉讼法》的规定，复议机关在法定期限内未作出复议决定，公民、法人或者其他组织起诉原行政行为的，作出原行政行为的行政机关是被告。

假如市政府在法定期限内未作出复议决定，某公司提起行政诉讼，对工商局某分局的行政处罚不服，工商局某分局是被告。

第二，市政府是被告。

依据《中华人民共和国行政诉讼法》的规定，复议机关在法定期限内未作出复议决定，公民、法人或者其他组织起诉复议机关不作为的，复议机关是被告。

假如市政府在法定期限内未作出复议决定，某公司提起行政诉讼，起诉复议机关不作为，要求履行复议职责，这时，市政府是被告。

（二）法院裁判的理由

法院认为：目前我国市场上不存在转基因葵花籽及其制品，因此，涉案的系列葵花籽油不存在"转基因"与"非转基因"之分。某公司在其系列产品外包装标注"非转基因"等相关宣传用语，是对商品作引人误解的宣传，对此，工商局某分局依据《中华人民共和国反不正当竞争法》（1993年版）第二十四条，"经营者利用广告或者其他方法，对商品作引人误解的虚假宣传的，监督检查部门应当责令停止违法行为，消除影响，可以根据情节处以一万元以上二十万元以下的罚款"，作出的行政处罚在法律规定的范围和幅度内，并无不当。市政府复议维持工商局某分局作出的行政处罚也符合法律规定。

工商局某分局作出的行政处罚行为及市政府复议行为证据确凿，适用法律、法规正确，符合法定程序，处罚合理，判决驳回某公司的诉讼请求并无不当。

（三）法院裁判的法律依据

《中华人民共和国消费者权益保护法》：

第二十条　经营者向消费者提供有关商品或者服务的质量、性能、用途、有效期限等信息，应当真实、全面，不得作虚假或者引人误解的宣传。

经营者对消费者就其提供的商品或者服务的质量和使用方法等问题提出的询问，应当作出真实、明确的答复。

经营者提供商品或者服务应当明码标价。

第五十六条　经营者有下列情形之一，除承担相应的民事责任外，其他有关法律、法规对处罚机关和处罚方式有规定的，依照法律、法规的规定执行；法律、法规未作规定的，由工商行政管理部门或者其他有关行政部门责令改正，可以根据情节单处或者并处警告、没收违法所得、处以违法所得一倍以上十倍以下的罚款，没有违法所得的，处以五十万元以下的罚款；情节严重的，责令停业整顿、吊销营业执照：

（一）提供的商品或者服务不符合保障人身、财产安全要求的；

（二）在商品中掺杂、掺假，以假充真，以次充好，或者以不合格商品冒充合格商品的；

（三）生产国家明令淘汰的商品或者销售失效、变质的商品的；

（四）伪造商品的产地，伪造或者冒用他人的厂名、厂址，篡改生产日期，伪造或者冒用认证标志等质量标志的；

（五）销售的商品应当检验、检疫而未检验、检疫或者伪造检验、检疫结果的；

（六）对商品或者服务作虚假或者引人误解的宣传的；

（七）拒绝或者拖延有关行政部门责令对缺陷商品或者服务采取停止销售、警示、召回、无害化处理、销毁、停止生产或者服务等措施的；

（八）对消费者提出的修理、重作、更换、退货、补足商品数量、退还货款和服务费用或者赔偿损失的要求，故意拖延或者无理拒绝的；

（九）侵害消费者人格尊严、侵犯消费者人身自由或者侵害消费者个人信息依法得到保护的权利的；

（十）法律、法规规定的对损害消费者权益应当予以处罚的其他情形。

经营者有前款规定情形的，除依照法律、法规规定予以处罚外，处罚机关应当记入信用档案，向社会公布。

《中华人民共和国反不正当竞争法》（1993年版）：

第二十四条 经营者利用广告或者其他方法，对商品作引人误解的虚假宣传，监督检查部门应当责令停止违法行为，消除影响，可以根据情节处以一万元以上二十万元以下的罚款。

广告的经营者，在明知或者应知的情况下，代理、设计、制作、发布虚假广告的，监督检查部门应当责令停止违法行为，没收违法所得，并依法处以罚款。

《中华人民共和国行政诉讼法》：

第六十九条 行政行为证据确凿，适用法律、法规正确，符合法定程序的，或者原告申请被告履行法定职责或者给付义务理由不成立的，人民法院判决驳回原告的诉讼请求。

第八十九条 人民法院审理上诉案件,按照下列情形,分别处理:

(一)原判决、裁定认定事实清楚,适用法律、法规正确的,判决或者裁定驳回上诉,维持原判决、裁定;

(二)原判决、裁定认定事实错误或者适用法律、法规错误的,依法改判、撤销或者变更;

(三)原判决认定基本事实不清、证据不足的,发回原审人民法院重审,或者查清事实后改判;

(四)原判决遗漏当事人或者违法缺席判决等严重违反法定程序的,裁定撤销原判决,发回原审人民法院重审。

原审人民法院对发回重审的案件作出判决后,当事人提起上诉的,第二审人民法院不得再次发回重审。

人民法院审理上诉案件,需要改变原审判决的,应当同时对被诉行政行为作出判决。

(四)上述案例的启示

本案中,某公司是行政行为的相对人,在实务中,确认行政诉讼的原告还要注意下列问题。

第一,债权人的原告资格问题。

债权人以行政机关对债务人所作的行政行为损害债权实现为由提起行政诉讼的,人民法院应当告知其就民事争议提起民事诉讼,但行政机关作出行政行为时依法应予保护或者应予考虑的除外。

第二,"近亲属"的原告资格问题。

"近亲属"包括配偶、父母、子女、兄弟姐妹、祖父母、外祖父母、孙子女、外孙子女和其他具有扶养、赡养关系的亲属。

公民因被限制人身自由而不能提起诉讼的,其近亲属可以依其口头或者书面委托以该公民的名义提起诉讼。近亲属起诉时无法与被限制人身自由的公民取得联系，近亲属可以先行起诉，并在诉讼中补充提交委托证明。

第三，有权提起诉讼的法人或者其他组织终止的原告资格问题。

有权提起诉讼的法人或者其他组织终止，承受其权利的法人或者其他组织可以提起诉讼。

第四，合伙企业、个体工商户的原告资格问题。

合伙企业向人民法院提起诉讼的，应当以核准登记的字号为原告。未依法登记领取营业执照的个人合伙的全体合伙人为共同原告；全体合伙人可以推选代表人，被推选的代表人，应当由全体合伙人出具推选书。

个体工商户向人民法院提起诉讼的，以营业执照上登记的经营者为原告。有字号的，以营业执照上登记的字号为原告，并应当注明该字号经营者的基本信息。

第五，股份制企业的股东大会、股东会、董事会的原告资格问题。

股份制企业的股东大会、股东会、董事会等认为行政机关作出的行政行为侵犯企业经营自主权的，可以以企业的名义提起诉讼。

第六，投资人的原告资格问题。

联营企业、中外合资或者合作企业的联营、合资、合作各方，认为联营、合资、合作企业权益或者自己一方合法权益受行政行为侵害的，可以以自己的名义提起诉讼。

第七，非国有企业被行政机关注销、撤销、合并、强令兼并、出售、分立或者改变企业隶属关系的原告资格问题。

非国有企业被行政机关注销、撤销、合并、强令兼并、出售、分立或者改变企业隶属关系的，该企业或者其法定代表人可以提起诉讼。

第八，非营利法人的原告资格问题。

事业单位、社会团体、基金会、社会服务机构等非营利法人的出资人、设立人认为行政行为损害法人合法权益的，可以以自己的名义提起诉讼。

第九，业主委员会的原告资格问题。

业主委员会对于行政机关作出的涉及业主共有利益的行政行为，可以以自己的名义提起诉讼。

业主委员会不起诉的，专有部分占建筑物总面积过半数或者占总户数过半数的业主可以提起诉讼。

第十，检察院的原告资格问题。

检察院在履行职责中发现生态环境和资源保护、食品药品安全、国有财产保护、国有土地使用权出让等领域负有监督管理职责的行政机关违法行使职权或者不作为，致使国家利益或者社会公共利益受到侵害的，应当向行政机关提出检察建议，督促其依法履行职责。行政机关不依法履行职责的，检察院依法向法院提起诉讼。

第三部分　刑事篇

案例一 121 只绵羊丧命，卖大葱的进监狱

一、引子和案例

（一）案例简介

本案例是非法使用国家禁用农药而引起的刑事纠纷。

2017 年 3 月初，孟 A 承包了 100 余亩土地种植大葱。为控制大葱病虫害，孟 A 安排孟 B 将甲拌磷等剧毒农药使用机械喷洒到正在生长的大葱上。

2017 年 8 月 22 日，蔬菜购销商董某以每斤 8 角的价格从孟 A 处收购大葱 6 万余斤，之后卖给蔬菜经销户李某等人。李某等人将大葱剥皮、去叶加工后，卖给张某等人。

检验检测中心抽样检测发现张某等人购买的 5 万余斤大葱中均含甲拌磷成分，检测结果不合格。

李某从董某处购买的涉案大葱葱皮、葱叶被刘 A、王某夫妇以及刘 B 等人养殖的羊食用，造成养殖户 121 只羊死亡。

某市公安局刑事科学技术室和山东省公安厅物证鉴定研究中心检测发现，刘 A、刘 B、王某喂羊的葱皮、葱叶及死亡的羊胃中均含甲拌磷（砜）成分。

案发后，孟 A 经公安机关办案民警电话通知自动到指定地点投案，并如实供述犯罪事实，赔偿养羊户刘 A、王某及刘 B 经济损失人民币 188,000 元，并获得谅解。

上述事实，孟 A、孟 B 在开庭审理过程中亦无异议，并有董某等人的证人证言，受害人刘 B、王某的陈述，现场勘验检查笔录，某市检验检测中心检验报告，某市公安局刑事科学技术室理化检验鉴定报告，山东省公安厅物证鉴定研究中心检验报告，某市食品安全抽样检验抽样单，某市农产品质量安全监测抽样单，中华人民共和国农业部（现农业农村部）第199号和第2032号公告，受案登记表，抓获经过，人口信息，办案说明，赔偿谅解协议书等证据证实，足以认定。

（二）裁判结果

法院依法判决：孟 A 犯生产、销售有毒、有害食品罪，判处有期徒刑七个月，并处罚金人民币 80,000 元；孟 B 犯生产有毒、有害食品罪，判处有期徒刑六个月，并处罚金人民币 50,000 元。

（三）与案例相关的部分问题有：

哪些物质应当认定为"有毒、有害的非食品原料"？甲拌磷是否属于禁止使用的农药？

什么是生产、销售有毒、有害食品罪？

生产、销售有毒、有害食品罪的刑事责任是什么？

生产、销售有毒、有害食品，哪些情形应当认定为"对人体健康造成严重危害"？

生产、销售有毒、有害食品，哪些情形应当认定为"其他严重情节"？

生产、销售有毒、有害食品，哪些情形应当认定为"致人死亡或者有其他特别严重情节"？

哪些情形会成为生产、销售有毒、有害食品罪的共犯，以共犯论处？

生产、销售有毒、有害食品罪与投放危险物质罪有哪些区别？

什么是犯罪故意？什么是故意犯罪？

什么是犯罪过失？什么是过失犯罪？

二、相关知识

问：哪些物质应当认定为"有毒、有害的非食品原料"？甲拌磷是否属于禁止使用的农药？

答：下列物质应当认定为"有毒、有害的非食品原料"：

1. 法律、法规禁止在食品生产经营活动中添加、使用的物质；

2. 国务院有关部门公布的《食品中可能违法添加的非食用物质名单》《保健食品中可能非法添加的物质名单》上的物质；

3. 国务院有关部门公告禁止使用的农药、兽药以及其他有毒、有害物质；

4. 其他危害人体健康的物质。

甲拌磷，别名 3911，高毒农药，透明的、有轻微臭味的油状液体，主要用途是杀灭害虫，属于国务院有关部门公告禁止使用的农药、兽药以及其他有毒、有害物质。

甲拌磷急性中毒者会出现头痛、头昏、恶心、呕吐、腹痛、腹泻、流涎、瞳孔缩小等症状，严重的出现肺水肿、脑水肿、昏迷、呼吸麻痹等问题。个别严重病例可发生迟发性猝死。慢性中毒者有神经衰弱综合征、多汗、肌束震颤等症状。

2002 年，农业部（现农业农村部）公告第 199 号明确规定，甲拌磷、甲胺磷、甲基对硫磷、对硫磷、久效磷、磷胺、甲基异柳磷、特丁硫磷、甲基硫环磷、治螟磷、内吸磷、克百威、涕灭威、灭线磷、硫环磷、蝇毒磷、地虫硫磷、氯唑磷、苯线磷等19种高毒农药不得用于蔬菜、果树、茶叶、中草药材上。

三、与案件相关的法律问题

（一）学理知识

问：什么是生产、销售有毒、有害食品罪？

答：生产、销售有毒、有害食品罪是指在生产、销售的食品中掺入有毒、有害的非食品原料，或者销售明知掺有有毒、有害的非食品原料的食品的行为。构成要件包括以下几个方面：

1. 客体

本罪侵犯的客体是复杂客体，即国家食品安全监管秩序和人的健康权利。国家为保障公民的生命健康，颁布了一系列关于食品安全的法律、法规，建立起食品安全管理制度。而生产、销售有毒、有害食品，就是对这一制度的侵犯；同时，在生产、销售的食品中掺入有毒、有害的非食品原料，会对公民的生命健康造成很大威胁。

2. 客观方面

本罪在客观方面表现为三种行为：一是在生产的食品中掺入有毒、有害的非食品原料；二是在销售的食品中掺入有毒、有害的非食品原料；三是明知是掺入有毒、有害的非食品原料的食品而销售。

3. 主体

本罪的主体为一般主体，既可以是自然人也可以是单位。任何单位以及达到刑事责任年龄，具有刑事责任能力的自然人都可以构成，既包括合法的食品生产者、销售者，也包括非法的食品生产者、销售者。

4. 主观方面

本罪在主观方面表现为故意，一般是出于获取非法利润的目的，过失不构成本罪。故意内容包括在生产的食品中掺入明知是有毒、有害的非食品原料；在销售的食品中掺入明知是有毒、有害的非食品原料；明知是掺入有毒、有害的非食品原料的食品而销售。明知上述行为可能会造成食物中毒事故或其他食源性疾患，却对此危害结果采取放任的心理。

问：生产、销售有毒、有害食品罪的刑事责任是什么？

答：犯生产、销售有毒、有害食品罪，依据具体情形应当承担如下刑事责任：

在生产、销售的食品中掺入有毒、有害的非食品原料的，或者销售明知掺有有毒、有害的非食品原料的食品的，处五年以下有期徒刑，并处罚金；对人体健康造成严重危害或者有其他严重情节的，处五年以上十年以下有期徒刑，并处罚金；致人死亡或者有其他特别严重情节的，处十年以上有期徒刑、无期徒刑或者死刑，并处罚金或者没收财产。

对单位判处罚金，并对其直接负责的主管人员和其他直接责任人员，依照上述规定处罚。

因此，"对人体健康造成严重危害""有其他严重情节""其他特别严重情节"的认定标准，是对犯生产、销售有毒、有害食品罪的被告人量刑的基础。

问：生产、销售有毒、有害食品，哪些情形应当认定为"对人体健康造成严重危害"？

答：生产、销售有毒、有害食品，具有以下情形之一的，应当认定为"对人体健康造成严重危害"：

1. 造成轻伤以上伤害的；

2.造成轻度残疾或者中度残疾的；

3.造成器官组织损伤导致一般功能障碍或者严重功能障碍的；

4.造成十人以上严重食物中毒或者其他严重食源性疾病的；

5.其他对人体健康造成严重危害的情形。

问：生产、销售有毒、有害食品，哪些情形应当认定为"其他严重情节"？

答：生产、销售有毒、有害食品，具有下列情形之一的，应当认定为"其他严重情节"：

1.生产、销售金额二十万元以上不满五十万元的；

2.生产、销售金额十万元以上不满二十万元，有毒、有害食品的数量较大或者生产、销售持续时间较长的；

3.生产、销售金额十万元以上不满二十万元，属于婴幼儿食品的；

4.生产、销售金额十万元以上不满二十万元，一年内曾因危害食品安全违法犯罪活动受过行政处罚或者刑事处罚的；

5.有毒、有害的非食品原料毒害性强或者含量高的；

6.其他情节严重的情形。

问：生产、销售有毒、有害食品，哪些情形应当认定为"致人死亡或者有其他特别严重情节"？

答：生产、销售有毒、有害食品，下列情形应当认定为"致人死亡或者有其他特别严重情节"：

1.致人死亡或者重度残疾的；

2.造成三人以上重伤、中度残疾或者器官组织损伤导致严重功能障碍的；

3.造成十人以上轻伤、五人以上轻度残疾或者器官组织损伤导致一般功能障碍的；

4.造成三十人以上严重食物中毒或者其他严重食源性疾病的；

5. 其他特别严重的后果;

6. 生产、销售金额五十万元以上的。

问:哪些情形会成为生产、销售有毒、有害食品罪的共犯,以共犯论处?

答:明知他人生产、销售有毒、有害食品,有下列情形之一的,以生产、销售有毒、有害食品罪的共犯论处:

1. 提供资金、贷款、账号、发票、证明、许可证件的;

2. 提供生产、经营场所或者运输、贮存、保管、邮寄、网络销售渠道等便利条件的;

3. 提供生产技术或者食品原料、食品添加剂、食品相关产品的;

4. 提供广告等宣传的。

问:生产、销售有毒、有害食品罪与投放危险物质罪有哪些区别?

答:生产、销售有毒、有害食品罪是指在生产、销售的食品中掺入有毒、有害的非食品原料,或者销售明知掺有有毒、有害的非食品原料的食品的行为。

投放危险物质罪是指投放毒害性、放射性、传染病病原体等物质,危害公共安全的行为。

两罪的区别如下:

1. 犯罪客体不同。投放危险物质罪的客体为公共安全;生产、销售有毒、有害食品罪的客体为复杂客体,包括国家对食品安全的监督管理秩序和不特定多数人的生命健康权。

2. 犯罪客观方面不同。投放危险物质除可以在食品中投放毒害性、放射性、传染病病原体等物质外,也可以在其他场合投放有毒物质;生产、销售有毒、有害食品罪在客观方面表现为在生产、销售的食品中掺入有毒、有害的非食品原料或者销售明知掺有有毒、有害的非食品原料的食品。

3.犯罪主体不同。投放危险物质的主体为一般主体即自然人，14周岁以上的人可以构成投放危险物质罪；生产、销售有毒、有害食品罪的主体为生产者、销售者，既可以是年满16周岁的自然人，也可以是单位。

4、主观目的不同。生产、销售有毒、有害食品罪的目的是获取非法利润，虽然行为人对掺入有毒、有害的非食品原料是明知的，但并不追求危害结果的发生；投放危险物质罪的目的，是使不特定多数人死亡或受伤害，追求危害结果的发生。

问：什么是犯罪故意？什么是故意犯罪？

答：犯罪故意是犯罪主观要件之一，是指明知自己的行为会发生危害社会的结果，并且希望或者放任这种结果发生的心理态度，包括直接故意和间接故意。

直接故意是指行为人明知自己的行为会发生危害社会的结果，并且希望这种结果发生的心理态度。间接故意是指行为人明知自己的行为可能发生危害社会的结果，并且有意放任，以致发生这种结果的心理态度。

明知自己的行为会发生危害社会的结果，并且希望或者放任这种结果发生，因而构成犯罪的，是故意犯罪。故意犯罪应当负刑事责任。

问：什么是犯罪过失？什么是过失犯罪？

答：犯罪过失是犯罪主观要件之一，是指行为人应当预见自己的行为可能发生危害社会的结果，因为疏忽大意而没有预见，或者已经预见而轻信能够避免，以致发生这种结果的心理态度。过失包括疏忽大意的过失和过于自信的过失。

疏忽大意的过失是指应当预见自己的行为可能发生危害社会的结果，因为疏忽大意没有预见，以致发生这种结果的心理态度；过于自信的过失是指已经预见自己的行为可能发生危害社会的结果，但轻信能够避免，以致发生这种结果的心理态度。过失犯罪，法律有规定的才负刑事责任。

（二）法院裁判的理由

法院认为，孟 A 在蔬菜种植过程中，使用国家禁用农药，并将蔬菜予以销售，其行为已构成生产、销售有毒、有害食品罪。孟 B 受雇于被告人孟 A，在蔬菜种植过程中使用国家禁用农药，但未实际参与蔬菜销售，其行为构成生产有毒、有害食品罪。公诉机关指控的事实和罪名成立。

孟 A 经办案民警电话通知自动投案并如实供述犯罪事实，系自首，可以从轻处罚。积极赔偿被害人养羊户经济损失并获谅解，具有悔罪表现，可以酌情从轻处罚。法院采纳了辩护人提出的孟 A 系初犯偶犯、主观恶性小、系自首且有悔罪表现请求从轻处罚的辩护意见。

孟 B 归案后如实供述犯罪事实，认罪态度较好，可以从轻处罚。法院采纳了辩护人提出的被告人孟 B 在犯罪中处于次要地位、作用相对较小请求从轻处罚的辩护意见。

依照《中华人民共和国刑法》的相关规定，判决孟 A 犯生产、销售有毒、有害食品罪，判处有期徒刑七个月，并处罚金人民币 80,000元；孟 B 犯生产有毒、有害食品罪，判处有期徒刑六个月，并处罚金人民币 50,000 元。

（三）法院裁判的法律依据

《中华人民共和国刑法》：

第一百四十四条 在生产、销售的食品中掺入有毒、有害的非食品原料的，或者销售明知掺有有毒、有害的非食品原料的食品的，处五年以下有期徒刑，并处罚金；对人体健康造成严重危害或者有其他严重情节的，处五年以上十年以下有期徒刑，并处罚金；致人死亡或者有其他特别严重情节的，依照本法第一百四十一条的规定处罚。

第五十二条　判处罚金，应当根据犯罪情节决定罚金数额。

第五十三条　罚金在判决指定的期限内一次或者分期缴纳。期满不缴纳的，强制缴纳。对于不能全部缴纳罚金的，人民法院在任何时候发现被执行人有可以执行的财产，应当随时追缴。

由于遭遇不能抗拒的灾祸等原因缴纳确实有困难的，经人民法院裁定，可以延期缴纳、酌情减少或者免除。

第六十七条　犯罪以后自动投案，如实供述自己的罪行的，是自首。对于自首的犯罪分子，可以从轻或者减轻处罚。其中，犯罪较轻的，可以免除处罚。

被采取强制措施的犯罪嫌疑人、被告人和正在服刑的罪犯，如实供述司法机关还未掌握的本人其他罪行的，以自首论。

犯罪嫌疑人虽不具有前两款规定的自首情节，但是如实供述自己罪行的，可以从轻处罚；因其如实供述自己罪行，避免特别严重后果发生的，可以减轻处罚。

（四）上述案例的启示

上述案例中，法院认为被告人积极赔偿被害人养羊户经济损失并获得谅解，有悔罪表现，可以酌情从轻处罚。因此，被告人，特别是辩护人应当充分了解掌握与案件相关的从宽酌定量刑情节，维护当事人的合法权益。

酌定情节是指《中华人民共和国刑法》没有明文规定的，根据刑事立法精神和有关刑事政策，从刑事审判实践经验中总结出来的，反映犯罪行为的社会危害性程度和犯罪人的人身危险性程度，在量刑时酌情考虑适用的各种具体事实情况。

以情节对量刑产生的轻重性质为标准，可以将酌定量刑情节分为从宽情节和从严情节。从宽情节是指对犯罪人的量刑产生从宽或者有利影响的具体事实，包括免除处罚的情节、减轻处罚的情节、从轻处罚的情节。从严情节是对犯罪人的量刑产生从严和不利影响的具体事实，也就是从重处罚的情节。

在司法实践中考虑的酌定情节主要有犯罪主体方面的情节，如个人情况和一贯表现；犯罪主观方面的情节，如犯罪后的态度、犯罪动机；犯罪客观方面的情节，如犯罪对象、犯罪手段、犯罪的时间地点环境条件等。

常见的酌定量刑情节主要有以下几种：

1. 犯罪手段。这里的犯罪手段是指不属于构成要件的手段，是指手段残酷、野蛮、狡猾的程度，说明犯罪人是否具有犯罪经验，对社会的仇视程度，行为的社会危害性程度，说明罪行的轻重程度，因而影响量刑的结果。如使用一般方法实施的故意杀人罪，与采用惨无人道、极端野蛮残忍的手段实施故意杀人犯罪相比，前者的情节明显轻于后者。

2. 犯罪的时间、地点及环境条件。犯罪的时间、地点、环境条件不同，造成社会危害程度不同，也能说明罪行的轻重程度，是影响量刑的因素。例如，在发生地震等严重自然灾害时实施抢劫、盗窃，其罪行就重于在平时的犯罪，量刑时应当考虑，斟酌刑罚的轻重。

3. 犯罪侵害的对象。在刑法没有将特定对象规定为构成要件的情况下，侵害对象的具体情况不同，社会危害性也有所不同，反映了罪行的轻重程度，因而是量刑时需要考虑的情节。例如，挪用救灾、救济款物，比一般的挪用公款危害更大。盗窃救灾、抢险款物的罪行就重于盗窃一般公私财物，量刑时应区别对待。

4. 犯罪造成的危害结果。当危害结果不是犯罪构成要件时，危害结果，包括直接结果、间接结果的轻重说明罪行的轻重，因而成为量刑时应考虑的重要情节。例如，诈骗他人财物，有的刚刚超过数额较大的标准，但是导致被害人因生活困难而自杀身亡的危害结果，量刑就应有所不同。

5. 犯罪动机。犯罪动机不同，直接说明行为人的主观恶性程度不同，是量刑考虑的因素。例如，同是故意杀人，有的是出于义愤杀人，有的是因为强奸杀人，反映的主观恶性程度不同、可谴责性程度不同、社会危害性程度不同，量刑时也应有所差别。

6. 犯罪后的态度。除了法定情节以外，犯罪后的态度反映行为人的人身危险程度，在量刑时应当考虑。例如，犯罪后坦白悔罪，积极退赃，主动赔偿损失，比犯罪后拒不认罪，隐匿赃物，不赔偿被害人的损失，其行为人的人身危险程度要低，改造容易，在量刑时要区别对待。

7. 犯罪人个人情况和一贯表现。犯罪人的个人情况和一贯表现是量刑时应当考虑的因素，因为这种因素也反映行为人的人身危险程度。例如，两个盗窃相同数额财物的罪犯，一个平时经常有小偷小摸行为，一个没有不良表现，对前者的量刑就可能重于后者。

在上述案例中，法院就是考虑到犯罪人犯罪后的态度，认为被告人积极赔偿被害人养羊户经济损失并获得谅解，具有悔罪表现，所以才酌情从轻处罚。

案例二　销售假有机蔬菜，投机者自食其果

一、引子和案例

（一）案例简介

本案例是以假充真，销售假有机蔬菜而引起的刑事纠纷。

大连某商贸有限公司的法定代表人朱某，自 2012 年 5 月开始，从大连市 S 市场等地采购香芋、西兰花等 42 种普通蔬菜和苹果、梨、桃子 3 种普通水果，由下属加工车间对上述蔬菜、水果进行清理、包装后，冒充有机蔬菜和有机水果，在超市店铺进行销售。

李某和孙某（另案处理）作为公司的采购人员和加工车间的负责人，明知是生产、销售伪劣产品的行为，但仍在朱某的授意下，帮助其进行采购和加工。

2013 年 1 月 18 日，朱某、黄某共同出资成立大连某农业科技有限公司，由黄某担任法定代表人。该公司仍使用原有工作人员，沿用上述同样的采购方式、加工方法和销售渠道，将普通蔬菜、水果冒充有机蔬菜、水果进行销售。

2013 年 5 月，在黄某的授意下，何某、程某（均另案处理）替代了李某和孙某的工作。何某负责蔬菜、水果的采购和加工，程某负责

对蔬菜、水果的种类和数量进行确认和统计。

假冒的有机蔬菜、水果在某超市集团所属超市等 7 家店铺销售金额共计人民币 400,367.72 元；在某超市店铺销售金额共计人民币 76,143.82 元。

黄某于 2013 年 6 月 26 日主动到公安机关投案。朱某于 2013 年 12 月 18 日主动到公安机关投案。

上述事实，有经过庭审质证的相关证据予以佐证。其中证人王某（系北京某管理技术中心专职检查员）证言、有机转换产品认证证书（证书编号：129OGA1200051、129OP1100002）、行政处罚决定书（[辽大]质技监罚字[2013]第 JCX 号），证明王某代表该中心于 2012 年 12 月 19 日对大连某商贸有限公司的蔬菜基地进行认证时，未按照有机产品认证实施规则抽样检测，即下发有机认证证书，因此，该中心被某市质量技术监督局予以行政处罚。

（二）裁判结果

法院认为，朱某、黄某、李某以获取非法利润为目的，以不合格产品冒充合格产品，其行为侵犯了国家有关产品质量的管理制度和消费者的合法权益，构成生产、销售伪劣产品罪。

法院依照《中华人民共和国刑法》相关规定，判决朱某犯生产、销售伪劣产品罪，判处有期徒刑三年，缓刑三年，并处罚金人民币 300,000 元（已缴纳）；判决黄某犯生产、销售伪劣产品罪，判处有期徒刑一年十个月，缓刑二年，并处罚金人民币 100,000 元（已缴纳）；判决李某犯生产、销售伪劣产品罪，判处拘役六个月，缓刑六个月，并处罚金人民币 15,000 元（已缴纳）。

三被告人缓刑考验期均从判决确定之日起计算。

（三）与案例相关的部分问题有：

什么是有机蔬菜？

什么是有机产品？什么是有机产品认证？

有机产品认证证书应当包括哪些内容？

什么是有机农业？

什么是无公害农产品、绿色食品和有机食品？

什么是生产、销售伪劣产品罪？

在生产、销售伪劣产品罪中，生产者、销售者"在产品中掺杂、掺假""以假充真""以次充好"或者"以不合格产品冒充合格产品"的具体内容是什么？

生产、销售伪劣产品罪的刑事责任是什么？

生产、销售伪劣产品罪的"销售金额"如何确定？

什么是共同犯罪？成立条件有哪些？

二、相关知识

问：什么是有机蔬菜？

答：有机蔬菜是指在蔬菜生产过程中按照有机生产规程，不采用基因工程获得的生物及其产物，不使用化学合成的农药、化肥、生长调节剂等物质，遵循自然规律和生态学原理，协调种植业平衡，采用一系列可持续发展的农业技术以维持持续稳定，且经过有机食品认证机构鉴定认证，并颁发有机食品证书的蔬菜产品。

《中华人民共和国国家标准：有机产品（GB/T19630.1-19630.4-2011）》对有机蔬菜的农场范围、产地环境要求、缓冲带和栖息地、转换期、平行生产、转基因、作物种植等方面有明确的标准和要求。

问：什么是有机产品？什么是有机产品认证？

答：根据《中华人民共和国国家标准：有机产品（GB/T19630.1-19630.4-2011）》的规定，有机产品是指生产、加工、销售过程符合该标准的供人类消费、动物食用的产品。有机产品生产过程中不得使用化学合成的农药、化肥、生长调节剂、饲料添加剂，以及基因工程生物及其产物。

有机产品认证是指认证机构依照本办法的规定，按照有机产品认证规则，对相关产品的生产、加工和销售活动符合中国有机产品国家标准进行的合格评定活动。未获得有机产品认证的，或者将获证产品在认证证书标明的生产、加工场所外进行再次加工、分装、分割的，任何单位和个人不得在产品、产品最小销售包装及其标签上标注含有"有机""ORGANIC"等字样且可能误导公众认为该产品为有机产品的文字表述和图案。

问：有机产品认证证书应当包括哪些内容？

答：有机产品认证证书应当包括以下内容：

1. 认证委托人的名称、地址；

2. 获证产品的生产者、加工者以及产地（基地）的名称、地址；

3. 获证产品的数量、产地（基地）面积和产品种类；

4. 认证类别；

5. 依据的国家标准或者技术规范；

6. 认证机构名称及其负责人签字、发证日期、有效期。

问：什么是有机农业？

答：有机农业是指遵照特定的农业生产原则，在生产中不采用基因工程获得的生物及其产物，不使用化学合成的农药、化肥、生长调节剂、饲料添加剂等物质，遵循自然规律和生态学原理，协调种植业和养殖业的平衡，采用一系列可持续发展的农业技术以维持持续稳定的农业生产体系的一种农业生产方式。

问：什么是无公害农产品、绿色食品和有机食品？

答：无公害农产品是指产地环境、生产过程和产品质量符合国家有关标准和规范的要求，经认证合格获得认证证书并允许使用无公害农产品标志的未经加工或者初加工的食用农产品。无公害农产品生产过程中允许使用农药和化肥，但不能使用国家禁止使用的高毒、高残留农药。

绿色食品是指产自优良生态环境，按照绿色食品标准生产，实行全程质量控制并获得绿色食品标志使用权的安全、优质食用农产品及相关产品。绿色食品在生产过程中允许使用农药和化肥，但对用量和残留量的规定通常比无公害农产品的标准要严格。

有机食品是有机产品的一类，有机产品包括棉、麻、竹、服装、化妆品、饲料（有机标准包括动物饲料）等"非食品"。目前我国有机食品主要包括粮食、蔬菜、水果、奶制品、畜禽产品、水产品及调料等。

三、与案件相关的法律问题

（一）学理知识

问：什么是生产、销售伪劣产品罪？

答：生产、销售伪劣产品罪是指生产者、销售者在产品中掺杂、掺假，以假充真，以次充好或者以不合格产品冒充合格产品，销售金额五万元以上的行为。构成要件是：

1. 侵犯客体

侵犯客体是国家对普通产品质量的监督管理制度和消费者的合法权益。普通产品是指除《中华人民共和国刑法》另有规定的药品、食品、医用器材、涉及人身和财产安全的电器等产品，农药、兽药、化肥、种子、化妆品等产品以外的产品。国家对产品质量的管理制度是指国家通过法律、行政法规等规范产品生产的标准，产品出厂或销售过程中的质量监督检查内容，生产者、销售者的产品质量责任和义务、损害赔偿、法律责任等制度。

2. 客观方面

客观方面表现为生产者、销售者违反国家的产品质量管理法律、法规，生产、销售伪劣产品，销售金额较大的行为。违反产品质量管理法律、法规一般是指违反《中华人民共和国产品质量法》《中华人民共和国标准化法》《中华人民共和国计量法》，以及有关省、自治区、直辖市制定的关于产品质量的地方性法规、规章、有关行业标准规则等。

（1）生产、销售伪劣产品。伪产品主要是以假充真的产品；劣产品是指掺杂掺假的产品、以次充好的产品、冒充合格产品的不合格产品。

（2）行为表现可具体分为以下四种：掺杂、掺假；以假充真；以次充好；以不合格产品冒充合格产品。

（3）生产、销售伪劣产品，构成犯罪的，销售金额较大，在5万元以上。

3. 犯罪主体

犯罪主体包括产品的生产者和销售者。生产者和销售者既可以是单位，也可以是个人。至于生产者、销售者是否具有合法的生产许可证或者营业执照不影响本罪的成立。

4. 主观方面

主观方面表现为故意，一般具有非法牟利的目的。行为人的故意表现为在生产领域内有意制造伪劣产品，在销售领域内分两种情况，一是在销售产品中故意掺杂、掺假，二是明知是伪劣产品而售卖。

问：在生产、销售伪劣产品罪中，生产者、销售者"在产品中掺杂、掺假""以假充真""以次充好"或者"以不合格产品冒充合格产品"的具体内容是什么？

答：在生产、销售伪劣产品罪中，生产者、销售者"在产品中掺杂、掺假"是指在产品中掺入杂质或者异物，致使产品质量不符合国家法律、法规或者产品明示质量标准规定的质量要求，降低、失去应有使用性能的行为。

"以假充真"是指以不具有某种使用性能的产品冒充具有该种使用性能的产品的行为。

"以次充好"是指以低等级、低档次产品冒充高等级、高档次产品，或者以残次、废旧零配件组合、拼装后冒充正品或者新产品的行为。

"不合格产品"是指不符合《中华人民共和国产品质量法》第二十六条第二款规定的质量要求的产品，即产品质量应当符合下列要求：

（一）不存在危及人身、财产安全的不合理的危险，有保障人体健康和人身、财产安全的国家标准、行业标准的，应当符合该标准；

（二）具备产品应当具备的使用性能，但是，对产品存在使用性能的瑕疵作出说明的除外；

（三）符合在产品或者其包装上注明采用的产品标准，符合以产品说明、实物样品等方式表明的质量状况。

对上述行为难以确定的，应当委托法律、行政法规规定的产品质量检验机构进行鉴定。

问：生产、销售伪劣产品罪的刑事责任是什么？

答：犯生产、销售伪劣产品罪，依据具体情形应当承担如下刑事责任：

生产者、销售者在产品中掺杂、掺假，以假充真，以次充好或者以不合格产品冒充合格产品，销售金额五万元以上不满二十万元的，处二年以下有期徒刑或者拘役，并处或者单处销售金额百分之五十以上二倍以下罚金；销售金额二十万元以上不满五十万元的，处二年以上七年以下有期徒刑，并处销售金额百分之五十以上二倍以下罚金；销售金额五十万元以上不满二百万元的，处七年以上有期徒刑，并处销售金额百分之五十以上二倍以下罚金；销售金额二百万元以上的，处十五年有期徒刑或者无期徒刑，并处销售金额百分之五十以上二倍以下罚金或者没收财产。

单位犯生产、销售伪劣产品罪的，对单位判处罚金，并对其直接负责的主管人员和其他直接责任人员，依照上述规定处罚。

问：生产、销售伪劣产品罪的"销售金额"如何确定？

答：犯生产、销售伪劣产品罪，"销售金额"是定罪量刑的重要依据。

"销售金额"是指生产者、销售者出售伪劣产品后所得和应得的全部违法收入。

伪劣产品尚未销售，货值金额达到生产、销售伪劣产品罪《中华人民共和国刑法》（第一百四十条）规定的销售金额三倍以上的，以生产、销售伪劣产品罪（未遂）定罪处罚。

货值金额以违法生产、销售的伪劣产品的标价计算；没有标价的，按照同类合格产品的市场中间价格计算。货值金额难以确定的，委托指定的估价机构确定。

多次实施生产、销售伪劣产品行为，未经处理的，伪劣产品的销售金额或者货值金额累计计算。

问：什么是共同犯罪？成立条件有哪些？

答：共同犯罪是指二人以上共同故意犯罪。

二人以上共同过失犯罪，不以共同犯罪论处；应当负刑事责任的，按照他们所犯的罪分别处罚。

共同犯罪的成立条件：必须二人以上，必须有共同的犯罪故意，必须有共同的犯罪行为。

1. 主体要件是必须二人以上。

共同犯罪的主体必须是两个以上达到刑事责任年龄、具备刑事责任能力的人。这里所说的人，既指自然人，又包括单位。

2. 主观要件是必须有共同的犯罪故意。

共同故意包括两点：首先，共犯人都有犯罪故意；其次，共犯人都有相互协作的意思。

3. 客观要件是必须有共同的犯罪行为。

所谓共同的犯罪行为是指各共同犯罪人的行为指向同一犯罪事实，互相联系，相互配合，形成一个与犯罪结果有因果关系的有机整体。每一个犯罪人的犯罪行为都是共同犯罪的有机组成部分。

（二）法院裁判的理由

朱某、黄某、李某以获取非法利润为目的，以不合格产品冒充合格产品销售，其行为侵犯了国家有关产品质量的管理制度和消费者的合法权益，构成生产、销售伪劣产品罪。公诉机关指控上述被告人犯生产、销售伪劣产品罪的事实清楚，证据确实、充分，指控的罪名成立。上述三人部分犯罪系共同犯罪，朱某、黄某在共同犯罪中起主要作用，系主犯；李某受被告人朱某、黄某指派工作，所起作用较小，系从犯。

朱某、黄某主动到公安机关投案，并如实供述犯罪事实，均系自首，并缴纳罚金，故予以从轻处罚。李某如实供述犯罪事实，缴纳罚金，故予以从轻处罚。鉴于朱某、黄某、李某确有悔罪表现，不致再危害社会，可适用缓刑。

　　根据庭审举证、质证的证据能够证明，原大连某商贸有限公司及大连某农业科技有限公司系单位犯罪，朱某、黄某分别系上述单位直接负责的主管人员，鉴于公诉机关以自然人犯罪起诉，故应当追究作为上述单位直接负责的主管人员的刑事责任。李某明知涉事单位购进普通蔬菜的目的是包装为有机蔬菜对外销售，却从事采购、运输等工作，具有犯罪的故意，系其他直接责任人员。

　　基于上述理由，依照《中华人民共和国刑法》的相关规定，判决朱某犯生产、销售伪劣产品罪，判处有期徒刑三年，缓刑三年，并处罚金人民币 300,000 元（已缴纳）；判决黄某犯生产、销售伪劣产品罪，判处有期徒刑一年十个月，缓刑二年，并处罚金人民币 100,000 元（已缴纳）；判决李某犯生产、销售伪劣产品罪，判处拘役六个月，缓刑六个月，并处罚金人民币 15,000 元（已缴纳）。

（三）法院裁判的法律依据

《中华人民共和国刑法》：

　　第一百四十条　生产者、销售者在产品中掺杂、掺假，以假充真，以次充好或者以不合格产品冒充合格产品，销售金额五万元以上不满二十万元的，处二年以下有期徒刑或者拘役，并处或者单处销售金额百分之五十以上二倍以下罚金；销售金额二十万元以上不满五十万元的，处二年以上七年以下有期徒刑，并处销售金额百分之五十以上二倍以下罚金；销售金额五十万元以上不满二百万元的，处七年以上有期徒刑，并处销售金额百分之五十以上二倍以下罚金；销售金额二百万元以上的，处十五年有期徒刑或者无期徒刑，并处销售金额百分之五十以上二倍以下罚金或者没收财产。

　　第一百五十条　单位犯本节第一百四十条至第一百四十八条规定之罪的，对单位判处罚金，并对其直接负责的主管人员和其他直接责任人员，依照各该条的规定处罚。

第五十二条　判处罚金，应当根据犯罪情节决定罚金数额。

第二十五条　共同犯罪是指二人以上共同故意犯罪。

二人以上共同过失犯罪，不以共同犯罪论处；应当负刑事责任的，按照他们所犯的罪分别处罚。

第二十六条　组织、领导犯罪集团进行犯罪活动的或者在共同犯罪中起主要作用的，是主犯。

三人以上为共同实施犯罪而组成的较为固定的犯罪组织，是犯罪集团。

对组织、领导犯罪集团的首要分子，按照集团所犯的全部罪行处罚。

对于第三款规定以外的主犯，应当按照其所参与的或者组织、指挥的全部犯罪处罚。

第二十七条　在共同犯罪中起次要或者辅助作用的，是从犯。

对于从犯，应当从轻、减轻处罚或者免除处罚。

第六十七条　犯罪以后自动投案，如实供述自己的罪行的，是自首。对于自首的犯罪分子，可以从轻或者减轻处罚。其中，犯罪较轻的，可以免除处罚。

被采取强制措施的犯罪嫌疑人、被告人和正在服刑的罪犯，如实供述司法机关还未掌握的本人其他罪行的，以自首论。

犯罪嫌疑人虽不具有前两款规定的自首情节，但是如实供述自己罪行的，可以从轻处罚；因其如实供述自己罪行，避免特别严重后果发生的，可以减轻处罚。

第七十二条　对于被判处拘役、三年以下有期徒刑的犯罪分子，同时符合下列条件的，可以宣告缓刑，对其中不满十八周岁的人、怀孕的妇女和已满七十五周岁的人，应当宣告缓刑：

（一）犯罪情节较轻；

（二）有悔罪表现；

（三）没有再犯罪的危险；

（四）宣告缓刑对所居住社区没有重大不良影响。

宣告缓刑，可以根据犯罪情况，同时禁止犯罪分子在缓刑考验期限内从事特定活动，进入特定区域、场所，接触特定的人。

被宣告缓刑的犯罪分子，如果被判处附加刑，附加刑仍须执行。

第七十三条 拘役的缓刑考验期限为原判刑期以上一年以下，但是不能少于二个月。

有期徒刑的缓刑考验期限为原判刑期以上五年以下，但是不能少于一年。

缓刑考验期限，从判决确定之日起计算。

（四）上述案例的启示

上述案例中，法院认为朱某、黄某主动到公安机关投案，并如实供述犯罪事实，均系自首，并缴纳罚金，故予以从轻处罚。李某如实供述犯罪事实，缴纳罚金，故予以从轻处罚。朱某、黄某、李某确有悔罪表现，不致再危害社会，可适用缓刑。

法定量刑情节是指法律有明文规定的量刑情节，包括刑法总则、刑法分则和其他刑事法律规定的量刑情节。以情节对量刑产生的轻重性质为标准，可以将法定量刑情节分为从宽情节和从严情节。自首是法定从宽量刑情节。

从轻处罚，简称从轻，是在法定刑范围内对犯罪分子适用刑种较轻或刑期较短的刑罚。可以从轻或者减轻处罚的情节包括：

1. 尚未完全丧失辨认或者控制自己行为能力的精神病人犯罪的，应当负刑事责任，但是可以从轻或者减轻处罚；

2. 已满七十五周岁的人故意犯罪的，可以从轻或者减轻处罚；过失犯罪的，应当从轻或者减轻处罚。

3. 对于未遂犯，可以比照既遂犯从轻或者减轻处罚。

4. 如果被教唆的人没有犯被教唆的罪，对于教唆犯，可以从轻或者减轻处罚。

5. 犯罪以后自动投案，如实供述自己的罪行的，是自首。对于自首的犯罪分子，可以从轻或者减轻处罚。其中，犯罪较轻的，可以免除处罚。

6. 犯罪分子有揭发他人犯罪行为，查证属实的，或者提供重要线索，从而得以侦破其他案件等立功表现的，可以从轻或者减轻处罚；

7. 收买被拐卖的妇女、儿童，对被买儿童没有虐待行为，不阻碍对其进行解救的，可以从轻处罚；按照被买妇女的意愿，不阻碍其返回原居住地的，可以从轻或者减轻处罚。

8. 行贿人在被追诉前主动交待行贿行为的，可以从轻或者减轻处罚。其中，犯罪较轻的，对侦破重大案件起关键作用的，或者有重大立功表现的，可以减轻或者免除处罚。

上述案例中，法院就是考虑到犯罪人有自首情节，认为朱某、黄某主动到公安机关投案，并如实供述犯罪事实，均系自首，所以从轻处罚。

案例三　油条中加泡打粉，制作者被判拘役

一、引子和案例

（一）案例简介

本案例是在制作出售油条时添加添加剂超出国家标准而引起的刑事纠纷。

油条是中国传统的早点之一，主要原料是面粉、食用油等。为了达到酥松、绵软、可口的效果，要加入一定量的起蓬松作用的食品添加剂，这种添加剂又称泡打粉、发泡剂、发酵粉、油条精，广泛应用于面食、蛋糕、饼干等食品的生产过程中。我国2011年颁布的《食品添加剂使用标准》（GB 2760-2011），对各种食品中使用泡打粉的铝的含量做了明确规定。但是有的早点经营者对此并不重视，下面的案例就是其中之一。

2015年8月4日，某区民警在对本辖区快餐店进行食品安全检查时，发现吴某在其摊位加工油条时添加了"泡打粉"。经进一步侦查证实，吴某在加工油条时长期添加泡打粉，并在市场上销售。

民警把当场取得的油条送有关部门检测，发现油条中铝的残留量为236mg/kg，不符合国家《食品安全国家标准食品添加剂使用标准》

（GB 2760-2014）中要求小麦粉及其制品中铝残留量≤ 100mg/kg 的规定。

上述事实，有吴某在加工、销售的油条中添加泡打粉的供述，有证人证言，检测报告，扣押物品照片及清单，抓获经过，常住人口基本信息等证据佐证。证据经庭审质证，证据之间能够相互印证，可以作为定案依据。

（二）裁判结果

法院认为，吴某在生产、销售的食品中掺入超过国家标准的添加剂，足以造成严重食源性疾病，其行为已构成生产、销售不符合安全标准的食品罪，公诉机关指控的罪名成立。吴某到案后认罪态度较好，请求从轻处罚的意见予以采纳。

根据本案犯罪的事实，犯罪的性质、情节和对社会的危害程度，依照《中华人民共和国刑法》的相关规定，吴某犯生产、销售不符合安全标准的食品罪，判处拘役六个月，缓刑一年，并处罚金人民币5,000元；禁止被告人吴某在缓刑考验期内从事食品生产、销售活动。

（三）与案例相关的部分问题有：

什么是"泡打粉"？"泡打粉"中的铝对人体健康有哪些危害？

食品安全标准应当包括哪些内容？

什么是生产、销售不符合安全标准的食品罪？

生产、销售有毒、有害食品罪与生产、销售不符合安全标准的食品罪有哪些区别？

生产、销售不符合安全标准食品罪的刑事责任是什么？

生产、销售不符合食品安全标准的食品，哪些情形应当认定为生产、销售不符合安全标准食品罪规定的"足以造成严重食物中毒事故或者其他严重食源性疾病"？

生产、销售不符合食品安全标准的食品，哪些情形应当认定为生产、销售不符合安全标准食品罪规定的"对人体健康造成严重危害"？

生产、销售不符合食品安全标准的食品，哪些情形应当认定为生产、销售不符合安全标准食品罪规定的"其他严重情节"？

生产、销售不符合食品安全标准的食品，哪些情形应当认定为生产、销售不符合安全标准食品罪规定的"后果特别严重"？

二、相关知识

问：什么是"泡打粉"？"泡打粉"中的铝对人体健康有哪些危害？

答：泡打粉又称复合膨松剂、发泡粉、发酵粉，主要用于油条、蛋糕、面包、饼干、桃酥、包子等制品的快速发酵。泡打粉通常分为两种，一种是含铝泡打粉，一种是无铝泡打粉。含铝泡打粉主要含有硫酸铝钾或硫酸铝铵成分；无铝泡打粉则不含铝。我国2011年颁布的《食品添加剂使用标准》（GB 2760-2011），对各种食品中使用泡打粉的铝的含量做了明确的规定。

人体过多摄入铝元素会对健康造成极大危害。摄入过多的铝会对大脑、骨骼、肝、脾、肾等产生较大的危害，主要表现在三个方面：一是会造成体内钙质大量流失，形成骨质疏松；二是会对脑部神经造成伤害，造成记忆力、智力下降；三是会妨碍人体的消化吸收功能，使人食欲缺乏和消化不良。

问：食品安全标准应当包括哪些内容？

答：食品安全标准应当包括下列内容：

1. 食品、食品添加剂、食品相关产品中的致病性微生物，农药残留、兽药残留、生物毒素、重金属等污染物质以及其他危害人体健康物质的限量规定；

2. 食品添加剂的品种、使用范围、用量；

3. 专供婴幼儿和其他特定人群的主辅食品的营养成分要求；

4. 对与卫生、营养等食品安全要求有关的标签、标志、说明书的要求；

5. 食品生产经营过程的卫生要求；

6. 与食品安全有关的质量要求；

7. 与食品安全有关的食品检验方法与规程；

8. 其他需要制定为食品安全标准的内容。

三、与案件相关的法律问题

（一）学理知识

问：什么是生产、销售不符合安全标准的食品罪？

答：生产、销售不符合安全标准的食品罪是指生产、销售不符合食品安全标准的食品，足以造成严重食物中毒事故或者其他严重食源性疾病的行为。构成要件包括：

1. 客体

本罪侵犯的客体是双重客体，即国家食品安全监管秩序管理制度和公民的生命权、健康权。

2. 客观方面

本罪在客观方面表现为违反食品安全管理法规，生产、销售不符合安全标准的食品，并足以造成严重食物中毒事故或其他严重食源性疾病，严重危害人体健康的行为。

3. 主体

本罪的主体要件为一般主体，只要达到刑事责任年龄并具有刑事责任能力的任何人均可构成本罪。同时，单位亦可构成本罪。单位犯本罪的，实行双罚制。

4. 主观方面

本罪在主观方面只能由故意构成，即行为人明知生产、销售的食品不符合安全标准而仍故意生产、销售，但不包括直接故意，行为人对可能造成严重食物中毒事故或其他严重食源性疾患的后果采取放任的态度。若行为人直接追求食物中毒等严重后果的发生，将构成其他更为严重的犯罪。

问：生产、销售有毒、有害食品罪与生产、销售不符合安全标准的食品罪有哪些区别？

答：生产、销售有毒、有害食品罪是指在生产、销售的食品中掺入有毒、有害的非食品原料，或者销售明知掺有有毒、有害的非食品原料的食品的行为。

生产、销售不符合安全标准的食品罪是指生产、销售不符合食品安全标准的食品，足以造成严重食物中毒事故或者其他严重食源性疾病的行为。

两罪的区别在于：

1. 犯罪对象不同。生产、销售有毒、有害食品罪中的犯罪对象是有毒、有害的食品，即掺入有毒、有害的非食品原料的食品；而生产、销售不符合安全标准食品罪的犯罪对象只是未达到食品安全标准的食品，该食品中未掺入有毒、有害的非食品原料。

2. 客观方面不同。生产、销售有毒、有害食品罪须具有在生产、销售的食品中掺入有毒、有害非食品原料的行为；而生产、销售不符合安全标准食品罪尽管也掺入有毒、有害物质从而造成食品不符合安全标准，但加入的物质仍然是食品原料，只不过是变质、腐败或被污染了。

3. 行为犯和危险犯不同。生产、销售有毒、有害食品罪是行为犯，只要实施客观方面要求的行为即可构成既遂；生产、销售不符合安全标准食品罪是危险犯，只有造成严重食物中毒事故或者其他食源性疾患，对人体健康造成严重危害的，才能构成既遂。

问：生产、销售不符合安全标准食品罪的刑事责任是什么？

答：犯生产、销售不符合安全标准食品罪，依据具体情形应当承担如下刑事责任：

生产、销售不符合食品安全标准的食品，足以造成严重食物中毒事故或者其他严重食源性疾病的，处三年以下有期徒刑或者拘役，并处罚金；对人体健康造成严重危害或者有其他严重情节的，处三年以上七年以下有期徒刑，并处罚金；后果特别严重的，处七年以上有期徒刑或者无期徒刑，并处罚金或者没收财产。

因此，生产、销售不符合食品安全标准的食品，"足以造成严重食物中毒事故或者其他严重食源性疾病的""对人体健康造成严重危害或者有其他严重情节的""后果特别严重的"标准，是对犯生产、销售不符合食品安全标准的食品罪的被告人量刑的前提基础。

问：生产、销售不符合食品安全标准的食品，哪些情形应当认定为生产、销售不符合安全标准食品罪规定的"足以造成严重食物中毒事故或者其他严重食源性疾病"？

答：生产、销售不符合食品安全标准的食品，具有下列情形之一的，应当认定为《中华人民共和国刑法》第一百四十三条规定的"足以造成严重食物中毒事故或者其他严重食源性疾病"：

（一）含有严重超出标准限量的致病性微生物、农药残留、兽药残留、重金属、污染物质以及其他危害人体健康的物质的；

（二）属于病死、死因不明或者检验检疫不合格的畜、禽、兽、水产动物及其肉类、肉类制品的；

（三）属于国家为防控疾病等特殊需要明令禁止生产、销售的；

（四）婴幼儿食品中生长发育所需营养成分严重不符合食品安全标

准的；

（五）其他足以造成严重食物中毒事故或者严重食源性疾病的情形。

"足以造成严重食物中毒事故或者其他严重食源性疾病"难以确定的，司法机关可以根据检验报告并结合专家意见等相关材料进行认定。必要时，人民法院可以依法通知有关专家出庭作出说明。

问：生产、销售不符合食品安全标准的食品，哪些情形应当认定为生产、销售不符合安全标准食品罪规定的"对人体健康造成严重危害"？

答：生产、销售不符合食品安全标准的食品，具有下列情形之一的，应当认定为《中华人民共和国刑法》第一百四十三条规定的"对人体健康造成严重危害"：

（一）造成轻伤以上伤害的；

（二）造成轻度残疾或者中度残疾的；

（三）造成器官组织损伤导致一般功能障碍或者严重功能障碍的；

（四）造成十人以上严重食物中毒或者其他严重食源性疾病的；

（五）其他对人体健康造成严重危害的情形。

问：生产、销售不符合食品安全标准的食品，哪些情形应当认定为生产、销售不符合安全标准食品罪规定的"其他严重情节"？

答：生产、销售不符合食品安全标准的食品，具有下列情形之一的，应当认定为《中华人民共和国刑法》第一百四十三条规定的"其他严重情节"：

（一）生产、销售金额二十万元以上的；

（二）生产、销售金额十万元以上不满二十万元，不符合食品安全标准的食品数量较大或者生产、销售持续时间较长的；

（三）生产、销售金额十万元以上不满二十万元，属于婴幼儿食品的；

（四）生产、销售金额十万元以上不满二十万元，一年内曾因危害食品安全违法犯罪活动受过行政处罚或者刑事处罚的；

（五）其他情节严重的情形。

问：生产、销售不符合食品安全标准的食品，哪些情形应当认定为生产、销售不符合安全标准食品罪规定的"后果特别严重"？

答：生产、销售不符合食品安全标准的食品，具有下列情形之一的，应当认定为《中华人民共和国刑法》第一百四十三条规定的"后果特别严重"：

（一）致人死亡或者重度残疾的；

（二）造成三人以上重伤、中度残疾或者器官组织损伤导致严重功能障碍的；

（三）造成十人以上轻伤、五人以上轻度残疾或者器官组织损伤导致一般功能障碍的；

（四）造成三十人以上严重食物中毒或者其他严重食源性疾病的；

（五）其他特别严重的后果。

（二）法院裁判的理由

法院认为，民警当场提取的油条送有关部门检测，其铝的残留量为 236mg/kg，不符合国家《食品安全国家标准食品添加剂使用标准》中要求小麦粉及其制品中铝残留量 ≤ 100mg/kg 的规定。上述事实，有被告人供述、证人证言、鉴定意见、物证、书证等予以证明。相关证据经庭审质证，已形成一条完整的证据链条，可以作为本案的定案依据。

吴某在生产、销售的食品中掺入超过国家标准的添加剂，足以造成严重食源性疾病，其行为已构成生产、销售不符合安全标准的食品罪。根据案件事实，犯罪的性质、情节和对社会的危害程度，依照相关法律规定，判决吴某犯生产、销售不符合安全标准的食品罪，判处拘役六个月，缓刑一年，并处罚金人民币 5,000 元；禁止被告人吴某在缓刑考验期内从事食品生产、销售活动。

（三）法院裁判的法律依据

《中华人民共和国刑法》：

第一百四十三条　生产、销售不符合食品安全标准的食品，足以造成严重食物中毒事故或者其他严重食源性疾病的，处三年以下有期徒刑或者拘役，并处罚金；对人体健康造成严重危害或者有其他严重情节的，处三年以上七年以下有期徒刑，并处罚金；后果特别严重的，处七年以上有期徒刑或者无期徒刑，并处罚金或者没收财产。

第四十二条　拘役的期限，为一个月以上六个月以下。

第四十三条　被判处拘役的犯罪分子，由公安机关就近执行。

在执行期间，被判处拘役的犯罪分子每月可以回家一天至两天；参加劳动的，可以酌量发给报酬。

第四十四条　拘役的刑期，从判决执行之日起计算；判决执行以前先行羁押的，羁押一日折抵刑期一日。

《最高人民法院、最高人民检察院关于办理危害食品安全刑事案件适用法律若干问题的解释》：

第八条　在食品加工、销售、运输、贮存等过程中，违反食品安全标准，超限量或者超范围滥用食品添加剂，足以造成严重食物中毒事故或者其他严重食源性疾病的，依照刑法第一百四十三条的规定以生产、销售不符合安全标准的食品罪定罪处罚。

在食用农产品种植、养殖、销售、运输、贮存等过程中，违反食品安全标准，超限量或者超范围滥用添加剂、农药、兽药等，足以造成严重食物中毒事故或者其他严重食源性疾病的，适用前款的规定定罪处罚。

第十八条 对实施本解释规定之犯罪的犯罪分子，应当依照刑法规定的条件严格适用缓刑、免予刑事处罚。根据犯罪事实、情节和悔罪表现，对于符合刑法规定的缓刑适用条件的犯罪分子，可以适用缓刑，但是应当同时宣告禁止令，禁止其在缓刑考验期限内从事食品生产、销售及相关活动。

（四）上述案例的启示

因吴某在油条中掺入超过国家标准的添加剂，法院判吴某犯生产、销售不符合安全标准的食品罪，判处拘役六个月，缓刑一年，并处罚金人民币5,000元，禁止吴某在缓刑考验期内从事食品生产、销售活动。

上述判决对每一位食品生产、经营者都是一个警示，对于所从事的行业应具备相关专业知识和道德底线，应该了解禁止生产经营下列食品、食品添加剂、食品相关产品。

案例四　不认真履行职责，结果是锒铛入狱

一、引子和案例

（一）案例简介

本案例中的工作人员因不认真履行职责而被判处刑罚。

1. 关于张 C 滥用职权的事实。

张 C 系某市某镇农业技术推广中心畜牧兽医部（动物防疫站）工作人员，具有动物检疫资格，负责动物检疫并出具检疫合格证明。

2007 年 11 月至 2011 年 2 月，佘 A 为了将其非法生产加工的死因不明或病死的鸡运输外销，请其弟弟佘 B 找人开具《出县境动物产品检疫合格证明》等证明。

佘 B 通过某镇兽医站原副站长薛某（已过世）先后 9 次请张 C 帮助开具证明。

张 C 未按《中华人民共和国动物防疫法》和《江苏省动物产地检疫报检制度》的规定，在既未查验有无光鸡的动物产品检疫合格证明，又未对光鸡是否合格进行现场检疫的情况下，出于对薛某的信任和情面，先后 9 次违规开具了 9 套《出县境动物产品检疫合格证明》《动物及动物产品运载车辆消毒证明》以及相应的某市防治重大动物疫病指

101

挥部证明，致使佘A非法生产加工的113吨未经检疫的死因不明或病死的鸡被运输销售到河北、福建等地，流入食品市场，严重危害人民群众生命健康，使人民群众利益遭受重大损失。

案发后，被告人张C如实供述了犯罪事实。

上述事实，有相关证据证实。

2. 关于丁某玩忽职守的事实。

2008年至2013年3月间，丁某身为某镇农技中心副主任，分管畜牧兽医部（动物防疫站）工作，同时作为某镇东南片区的动物防疫监管责任人，负责片区内的动物防疫监管工作。

丁某未按照《江苏省动物卫生监督检查制度》《某市动物检疫员上岗责任书》《某市官方兽医上岗责任书》的相关规定，对其责任区域内的佘A的猪场每天进行监督检查，未能及时发现佘A的违法犯罪行为。

2012年，丁某发现佘A加工死因不明或病死的鸡后，也只是简单询问了一下，未采取有效措施重点监督。2013年2月16日，丁某得知市联合检查组于2013年1月7日查处佘A收购、加工的死因不明或病死的鸡后，仍未将佘A的猪场列为重点监控对象进行每天巡查。

由于丁某不认真行使监管职责，致使佘A多年从事犯罪活动，使大量死因不明或病死的鸡流入食品市场，严重危害人民群众的生命健康，使人民群众利益遭受重大损失，且被媒体曝光，造成恶劣的社会影响。

案发后，被告人丁某如实供述了基本犯罪事实。

上述事实，有相关证据证实。

3. 关于张D、谢某食品监管渎职的事实。

2013年1月7日上午，某市食品药品监督管理局副局长马某、食品科科长王E、某市公安局治安大队行动中队中队长华某、某市工商局消费者权益保护科科长王F、东台市商务局商贸流通管理办公室郭某、东台市动物卫生监督所副所长张 D 和谢某等执法人员前往某镇某村开展联合执法检查活动，马某负总责。

执法人员突击检查了佘 A 的加工窝点，当场查获大量死因不明或病死的鸡。

上午，被告人张 D、谢某依法现场取证。下午，张 D、谢某对佘 A 夫妇进行调查谈话，佘 A 夫妇均承认曾将加工后的死鸡销往 M 市，谢某如实作了记录，期间张 D 因参与死鸡的无害化处理而离开。

现场执法结束后，谢某未向张 D 和检查组人员汇报佘 A 夫妇承认销售死鸡的情况。

根据现场执法，未发现佘 A 非法生产加工的鸡进入食品市场，食品药品监督管理局马某副局长决定将此案交由东台市动物卫生监督所依法查办。

当日，东台市动物卫生监督所立案查处，案件承办人为被告人张 D、谢某。

2013 年 1 月 18 日，东台市动物卫生监督所对佘 A 一案如何处罚进行通案，参与联合执法的马某、王 E、王 F、郭某及市农委的相关人员到场。

会上，谢某汇报了案件情况和处罚意见，但未汇报佘 A 夫妇在笔录中承认销售病死鸡的情况。谢某虽将案卷材料带到现场，但未主动让人查阅。

张 D 因通案前没有审阅案件材料，也未能补充汇报该案存在销售行为，导致通案将佘 A 的行为定性为"屠宰病死或者死因不明动物，加工、贮藏病死或者死因不明动物产品"。

同年 2 月 6 日，东台市动物卫生监督所依照通案意见，根据《中华人民共和国动物防疫法》第二十五条第（五）项、第七十六条的规定，责令佘 A 改正，采取补救措施，将查获的死鸡进行无害化处理，罚款 42,051 元。

张 D、谢某未客观、全面地汇报案情，使佘 A 夫妇销售死因不明或病死鸡的行为没有得到追查，也未能按《中华人民共和国食品安全法》进行处罚。此后，佘 A 继续非法生产、加工、销售死因不明或病死的鸡，且流入食品市场，直至 2013 年 3 月 11 日被江苏省广播电视总台城市频道曝光，造成了恶劣的社会影响。

上述事实，有相关证据证实。

（二）裁判结果

法院一审判决张 C 犯滥用职权罪，判处有期徒刑二年。

法院一审判决丁某犯玩忽职守罪，判处有期徒刑九个月。

法院一审判决张 D 犯食品监管渎职罪，免予刑事处罚；谢某犯食品监管渎职罪，免予刑事处罚。

（三）与案例相关的部分问题有：

什么是食品安全事故？

什么是滥用职权罪？

滥用职权罪的刑事责任是什么？

什么是玩忽职守罪？

玩忽职守罪的刑事责任是什么？

国家机关工作人员滥用职权或者玩忽职守，具有哪些情形之一的，应当认定为刑法第三百九十七条规定的"致使公共财产、国家和人民利益遭受重大损失"？

国家机关工作人员滥用职权或者玩忽职守，具有哪些情形之一的，应当认定为刑法第三百九十七条规定的"情节特别严重"？

如何理解渎职犯罪或者与渎职犯罪相关联的"经济损失"？

什么是食品监管渎职罪？

食品监管渎职罪的刑事责任是什么？

二、相关知识

问：什么是食品安全事故？

答：食品安全事故是指食物中毒、食源性疾病、食品污染等源于食品，对人体健康有危害或者可能有危害的事故，即在食物（食品）种植、养殖、生产加工、包装、仓储、运输、流通、消费等环节中发生食源性疾患、食物中毒、食品污染等源于食品，对人体健康有危害或者可能有危害的事故。

《国家重大食品安全事故应急预案》按食品安全事故的性质、危害程度和涉及范围，将食品安全事故分为特别重大食品安全事故（Ⅰ）、重大食品安全事故（Ⅱ）、较大食品安全事故（Ⅲ）和一般食品安全事故（Ⅳ）。

特别重大食品安全事故，是指符合下列情形之一的，由国务院启动Ⅰ级响应的食品安全事故：

1. 事故危害特别严重，对2个以上省份造成严重威胁，并有进一步扩散趋势的；

2. 超出事发地省级人民政府处置能力水平的；

3. 发生跨境（包括港澳台地区）食品安全事故，造成特别严重社会影响的；

4. 国务院认为需要由国务院或国务院授权有关部门负责处置的。

重大食品安全事故，是指符合下列情形之一的，由省级人民政府启动Ⅱ级响应的食品安全事故：

1. 事故危害严重，影响范围涉及省内2个以上设区的市行政区域的；

2. 1 起食物中毒事故中毒人数 100 人以上，并出现死亡病例的；

3. 1 起食物中毒事故造成 10 例以上死亡病例的；

4. 省人民政府认定的重大食品安全事故。

较大食品安全事故，是指符合下列情形之一的，由市级人民政府启动Ⅲ级响应的食品安全事故：

1. 事故影响范围涉及设区的市级行政区域内 2 个以上县级行政区域，给人民群众饮食安全带来严重危害的；

2. 1 起食物中毒事故中毒人数在 100 人以上；或出现死亡病例的；

3. 市（地）级以上人民政府认定的其他较大食品安全事故。

一般食品安全事故，是指符合下列情形之一的，由县级人民政府启动Ⅳ级响应的食品安全事故。

1. 食品污染已造成严重健康损害后果的；

2. 1 起食物中毒事故中毒人数在 99 人以下，且未出现死亡病例的；

3. 县级以上人民政府认定的其他一般食品安全事故。

三、与案件相关的法律问题

（一）学理知识

问：什么是滥用职权罪？

答：滥用职权罪是指国家机关工作人员滥用职权，致使公共财产、国家和人民利益遭受重大损失的行为。滥用职权罪的构成要件有：

1. 侵犯客体

滥用职权罪侵犯的客体是国家机关的正常活动，是国家机关职权的不可亵渎性。侵犯的对象是公共财产或者公民的人身及其财产。

2. 客观方面

本罪客观方面表现为滥用职权，致使公共财产、国家和人民利益遭受重大损失的行为。滥用职权是指不法行使职务上的权限的行为，即就形式上属于国家机关工作人员一般职务权限的事项，以不当目的或者以不法方法，实施违反职务行为宗旨的活动。

首先，滥用职权应是滥用国家机关工作人员的一般职务权限。

其次，行为人或者是以不当目的实施职务行为或者是以不法方法实施职务行为；

最后，滥用职权的行为违反了职务行为的宗旨，或者说与其职务行为的宗旨相悖。

滥用职权的行为主要表现为以下几种情况：一是超越职权，擅自决定或处理没有具体决定、处理权限的事项；二是玩弄职权，随心所欲地对事项作出决定或者处理；三是故意不履行应当履行的职责，或者说任意放弃职责；四是以权谋私、假公济私，不正确地履行职责。

滥用职权的行为，必须致使公共财产、国家和人民利益造成重大损失的结果时，才构成犯罪。

3. 犯罪主体

本罪主体是国家机关工作人员，具体包括：

（1）国家机关工作人员，指在国家机关中从事公务的人员，包括在各级国家权力机关、行政机关、司法机关和军事机关中从事公务的人员。

（2）在乡（镇）以上中国共产党机关、人民政协机关中从事公务的人员，视为国家机关工作人员。

（3）其他：

①在依照法律、法规规定行使国家行政管理职权的组织中从事公务的人员；

②在受国家机关委托代表国家机关行使职权的组织中从事公务的人员；

③虽未列入国家机关人员编制，但在国家机关中从事公务的人员。

4. 主观方面

本罪在主观方面表现为故意，行为人明知自己滥用职权的行为会发生致使公共财产、国家和人民利益遭受重大损失的结果，并且希望或者放任这种结果发生。

问：滥用职权罪的刑事责任是什么？

答：犯滥用职权罪，依据具体情形应当承担如下刑事责任：

国家机关工作人员滥用职权，致使公共财产、国家和人民利益遭受重大损失的，处三年以下有期徒刑或者拘役；情节特别严重的，处三年以上七年以下有期徒刑。本法另有规定的，依照规定。

因此，致使公共财产、国家和人民利益遭受重大损失的、情节特别严重的认定标准，是对犯滥用职权罪的被告人量刑的前提基础。

问：什么是玩忽职守罪？

答：玩忽职守罪是指国家机关工作人员玩忽职守，致使公共财产、国家和人民的利益遭受重大损失的行为。构成要件包括：

1. 客体要件

本罪侵犯的客体是国家机关的正常活动。由于国家机关工作人员对本职工作严重不负责，不遵纪守法，违反规章制度，玩忽职守，不履行应尽的职责义务，致使国家机关的某项具体工作遭到破坏，给国家、集体和人民利益造成严重损害，从而危害了国家机关的正常活动。本罪侵犯的对象是公共财产或者公民的人身及其财产。

2. 客观要件

本罪在客观方面表现为玩忽职守，对工作严重不负责任，不履行职责或者不正确履行职责。违反工作纪律、规章制度，擅离职守，不尽职责义务或者不认真履行职责义务，致使公共财产、国家和人民利益遭受重大损失的行为。

玩忽职守的行为包括作为和不作为。玩忽职守的作为是指国家机关工作人员在履行职责的过程中，不正确不认真履行职责，马虎草率、粗心大意。所谓玩忽职守的不作为是指国家机关工作人员不尽职责义务，即对于自己应当履行的，而且也有条件有能力履行的职责，不尽自己应尽的职责义务。

3. 主体要件

本罪的主体是国家机关工作人员。国家机关是指国家权力机关、各级行政机关和各级司法机关，因此，国家机关工作人员是指在各级人大及其常委会、各级人民政府、各级人民法院和人民检察院中依法从事公务的人员。

4. 主观要件

本罪在主观方面由过失构成，故意不构成本罪，也就是说，行为人对于其行为所造成的重大损失结果，在主观上并不是出于故意而是由于过失，也就是说，他应当知道玩忽职守可能会发生一定的社会危害结果，但是他疏忽大意没有预见，或者是虽然已经预见到可能会发生，但他凭借着自己的知识或者经验轻信可以避免，以致发生了造成严重损失的危害结果。

问：玩忽职守罪的刑事责任是什么？

答：犯玩忽职守罪，依据具体情形应当承担如下刑事责任：

国家机关工作人员玩忽职守，致使公共财产、国家和人民利益遭受重大损失的，处三年以下有期徒刑或者拘役；情节特别严重的，处三年以上七年以下有期徒刑。本法另有规定的，依照规定。

因此，致使公共财产、国家和人民利益遭受重大损失的、情节特别严重的认定标准，是对犯玩忽职守罪的被告人量刑的前提基础。

问：国家机关工作人员滥用职权或者玩忽职守，具有哪些情形之一的，应当认定为《中华人民共和国刑法》第三百九十七条规定的"致使公共财产、国家和人民利益遭受重大损失"？

答：国家机关工作人员滥用职权或者玩忽职守，具有下列情形之一的，应当认定为《中华人民共和国刑法》第三百九十七条规定的"致使公共财产、国家和人民利益遭受重大损失"：

（一）造成死亡1人以上，或者重伤3人以上，或者轻伤9人以上，或者重伤2人、轻伤3人以上，或者重伤1人、轻伤6人以上的；

（二）造成经济损失30万元以上的；

（三）造成恶劣社会影响的；

（四）其他致使公共财产、国家和人民利益遭受重大损失的情形。

问：国家机关工作人员滥用职权或者玩忽职守，具有哪些情形之一的，应当认定为《中华人民共和国刑法》第三百九十七条规定的"情节特别严重"？

答：具有下列情形之一的，应当认定为《中华人民共和国刑法》第三百九十七条规定的"情节特别严重"：

（一）造成伤亡达到上一问题第（一）项规定人数3倍以上的；

（二）造成经济损失150万元以上的；

（三）造成上一问题规定的损失后果，不报、迟报、谎报或者授意、指使、强令他人不报、迟报、谎报事故情况，致使损失后果持续、扩大或者抢救工作延误的；

（四）造成特别恶劣社会影响的；

（五）其他特别严重的情节。

问：如何理解渎职犯罪或者与渎职犯罪相关联的"经济损失"？

答："经济损失"是指渎职犯罪或者与渎职犯罪相关联的犯罪立案时已经实际造成的财产损失，包括为挽回渎职犯罪所造成损失而支付的各种开支、费用等。立案后至提起公诉前持续发生的经济损失，应一并计入渎职犯罪造成的经济损失。

债务人经法定程序被宣告破产，债务人潜逃、去向不明，或者因行为人的责任超过诉讼时效等，致使债权已经无法实现的，无法实现的债权部分应当认定为渎职犯罪的经济损失。

渎职犯罪或者与渎职犯罪相关联的犯罪立案后，犯罪分子及其亲友自行挽回的经济损失，司法机关或者犯罪分子所在单位及其上级主管部门挽回的经济损失，或者因客观原因减少的经济损失，不予扣减，但可以作为酌定从轻处罚的情节。

问：什么是食品监管渎职罪？

答：食品监管渎职罪是指负有食品安全监督管理职责的国家机关工作人员，滥用职权或者玩忽职守，导致发生重大食品安全事故或者造成其他严重后果的行为。

1. 犯罪客体

本罪侵犯的客体为国家食品安全监管机关的正常监管活动。

2. 客观要件

本罪的客观方面表现为玩忽职守或者滥用职权，导致发生重大食品安全事故或者造成其他严重后果。危害行为包括两种方式：一为玩忽职守即消极的不作为，负有食品安全监管职责而不履行监管义务；二为滥用职权即积极的作为，超越职权范围或者违背法律授权的宗旨，违反职权行使程序行使职权。危害结果方面要求导致发生重大食品安全事故或者造成其他严重后果。

3. 犯罪主体

本罪的犯罪主体是特殊主体，即负有食品安全监督管理职责的国家机关工作人员。

4. 主观要件

行为人在主观上表现为过失，即在主观上应该预见自己的玩忽职守行为或滥用职权行为可能导致发生重大食品安全事故或者造成其他严重后果，或者已经预见而轻信能够避免，以致发生这种重大事故或造成严重后果的极其不负责任的心理态度。行为人玩忽职守或滥用职权的行为是故意的，但对损害结果的发生是过失的。

问：食品监管渎职罪的刑事责任是什么？

答：食品监管渎职罪，依据具体情形应当承担如下刑事责任：

负有食品安全监督管理职责的国家机关工作人员，滥用职权或者玩忽职守，导致发生重大食品安全事故或者造成其他严重后果的，处五年以下有期徒刑或者拘役；造成特别严重后果的，处五年以上十年以下有期徒刑。

徇私舞弊犯前款罪的，从重处罚。

因此，发生重大食品安全事故或者造成其他严重后果、造成特别严重后果的认定标准，是对犯食品监管渎职罪的被告人量刑的前提基础。

（二）法院裁判的理由

法院认为，张 C 身为在受国家机关委托代表国家机关行使职权的组织中从事公务的动物检疫员，在代表国家履行动物检疫管理工作中严重不负责任，明知出县境鸡产品必须进行检疫，为徇私情，违反规定，对应当检疫的鸡产品不检疫，致大量死因不明或病死的鸡产品作为食品流入市场，严重危害人民群众的生命健康，使人民利益遭受重大损失，其行为已构成滥用职权罪。

丁某身为在受国家机关委托代表国家机关行使职权的组织中从事公务的动物防疫监管人员，在代表国家履行动物防疫监管工作中严重不负责任，在长达几年的时间里未能发现被管理人的违法犯罪行为，且在发现违法行为后也未采取有效的监督措施，致大量死因不明或病死的鸡产品作为食品流入市场，严重危害人民群众的生命健康，使人民利益遭受重大损失，且造成了恶劣的社会影响，其行为已构成玩忽职守罪。

张 D、谢某身为在依照法律行使国家行政管理职权的组织中从事公务的人员，在联合执法检查工作中负有食品安全监督管理职责，两人在查处过程中，不认真履行自己的工作职责，造成严重后果，其行为均构成食品监管渎职罪，但两被告人犯罪情节轻微，依法对其免予刑事处罚。

（三）法院裁判的法律依据

《中华人民共和国动物防疫法》：

第二十五条　禁止屠宰、经营、运输下列动物和生产、经营、加工、贮藏、运输下列动物产品：

（一）封锁疫区内与所发生动物疫病有关的；

（二）疫区内易感染的；

（三）依法应当检疫而未经检疫或者检疫不合格的；

（四）染疫或者疑似染疫的；

（五）病死或者死因不明的；

（六）其他不符合国务院兽医主管部门有关动物防疫规定的。

第七十六条　违反本法第二十五条规定，屠宰、经营、运输动物或者生产、经营、加工、贮藏、运输动物产品的，由动物卫生监督机构责令改正、采取补救措施，没收违法所得和动物、动物产品，并处同类检疫合格动物、动物产品货值金额一倍以上五倍以下罚款；其中依法应当检疫而未检疫的，依照本法第七十八条的规定处罚。

第七十八条　违反本法规定，屠宰、经营、运输的动物未附有检疫证明，经营和运输的动物产品未附有检疫证明、检疫标志的，由动物卫生监督机构责令改正，处同类检疫合格动物、动物产品货值金额百分之十以上百分之五十以下罚款；对货主以外的承运人处运输费用一倍以上三倍以下罚款。

违反本法规定，参加展览、演出和比赛的动物未附有检疫证明的，由动物卫生监督机构责令改正，处一千元以上三千元以下罚款。

《中华人民共和国食品安全法》（2009 年版）：

第二十八条　禁止生产经营下列食品：

（一）用非食品原料生产的食品或者添加食品添加剂以外的化学物质和其他可能危害人体健康物质的食品，或者用回收食品作为原料生产的食品；

（二）致病性微生物、农药残留、兽药残留、重金属、污染物质以及其他危害人体健康的物质含量超过食品安全标准限量的食品；

（三）营养成分不符合食品安全标准的专供婴幼儿和其他特定人群的主辅食品；

（四）腐败变质、油脂酸败、霉变生虫、污秽不洁、混有异物、掺假掺杂或者感官性状异常的食品；

（五）病死、毒死或者死因不明的禽、畜、兽、水产动物肉类及其制品；

（六）未经动物卫生监督机构检疫或者检疫不合格的肉类，或者未经检验或者检验不合格的肉类制品；

（七）被包装材料、容器、运输工具等污染的食品；

（八）超过保质期的食品；

（九）无标签的预包装食品；

（十）国家为防病等特殊需要明令禁止生产经营的食品；

（十一）其他不符合食品安全标准或者要求的食品。

第八十五条　违反本法规定，有下列情形之一的，由有关主管部门按照各自职责分工，没收违法所得、违法生产经营的食品和用于违法生产经营的工具、设备、原料等物品；违法生产经营的食品货值金额不足一万元的，并处二千元以上五万元以下罚款；货值金额一万元以上的，并处货值金额五倍以上十倍以下罚款；情节严重的，吊销许可证：

（一）用非食品原料生产食品或者在食品中添加食品添加剂以外的化学物质和其他可能危害人体健康的物质，或者用回收食品作为原料生产食品；

（二）生产经营致病性微生物、农药残留、兽药残留、重金属、污染物质以及其他危害人体健康的物质含量超过食品安全标准限量的食品；

（三）生产经营营养成分不符合食品安全标准的专供婴幼儿和其他特定人群的主辅食品；

（四）经营腐败变质、油脂酸败、霉变生虫、污秽不洁、混有异物、掺假掺杂或者感官性状异常的食品；

（五）经营病死、毒死或者死因不明的禽、畜、兽、水产动物肉类，或者生产经营病死、毒死或者死因不明的禽、畜、兽、水产动物肉类的制品；

（六）经营未经动物卫生监督机构检疫或者检疫不合格的肉类，或者生产经营未经检验或者检验不合格的肉类制品；

（七）经营超过保质期的食品；

（八）生产经营国家为防病等特殊需要明令禁止生产经营的食品；

（九）利用新的食品原料从事食品生产或者从事食品添加剂新品种、食品相关产品新品种生产，未经过安全性评估；

（十）食品生产经营者在有关主管部门责令其召回或者停止经营不符合食品安全标准的食品后，仍拒不召回或者停止经营的。

《中华人民共和国刑法》：

第三百九十七条　国家机关工作人员滥用职权或者玩忽职守，致使公共财产、国家和人民利益遭受重大损失的，处三年以下有期徒刑或者拘役；情节特别严重的，处三年以上七年以下有期徒刑。本法另有规定的，依照规定。

国家机关工作人员徇私舞弊，犯前款罪的，处五年以下有期徒刑或者拘役；情节特别严重的，处五年以上十年以下有期徒刑。本法另有规定的，依照规定。

第四百零八条　负有环境保护监督管理职责的国家机关工作人员严重不负责任，导致发生重大环境污染事故，致使公私财产遭受重大损失或者造成人身伤亡的严重后果的，处三年以下有期徒刑或者拘役。

第四百零八条之一　负有食品安全监督管理职责的国家机关工作人员，滥用职权或者玩忽职守，导致发生重大食品安全事故或者造成其他严重后果的，处五年以下有期徒刑或者拘役；造成特别严重后果的，处五年以上十年以下有期徒刑。

徇私舞弊犯前款罪的，从重处罚。

第九十三条　本法所称国家工作人员，是指国家机关中从事公务的人员。

国有公司、企业、事业单位、人民团体中从事公务的人员和国家机关、国有公司、企业、事业单位委派到非国有公司、企业、事业单位、社会团体从事公务的人员，以及其他依照法律从事公务的人员，以国家工作人员论。

第六十七条　犯罪以后自动投案，如实供述自己的罪行的，是自首。对于自首的犯罪分子，可以从轻或者减轻处罚。其中，犯罪较轻的，可以免除处罚。

被采取强制措施的犯罪嫌疑人、被告人和正在服刑的罪犯，如实供述司法机关还未掌握的本人其他罪行的，以自首论。

犯罪嫌疑人虽不具有前两款规定的自首情节，但是如实供述自己罪行的，可以从轻处罚；因其如实供述自己罪行，避免特别严重后果发生的，可以减轻处罚。

第三十七条　对于犯罪情节轻微不需要判处刑罚的，可以免予刑事处罚，但是可以根据案件的不同情况，予以训诫或者责令具结悔过、赔礼道歉、赔偿损失，或者由主管部门予以行政处罚或者行政处分。

《全国人大常委会关于〈中华人民共和国刑法〉第九章渎职罪主体适用问题的解释》：

全国人大常委会根据司法实践中遇到的情况，讨论了刑法第九章渎职罪主体的适用问题，解释如下：

在依照法律、法规规定行使国家行政管理职权的组织中从事公务的人员，或者在受国家机关委托代表国家机关行使职权的组织中从事公务的人员，或者虽未列入国家机关人员编制但在国家机关中从事公务的人员，在代表国家机关行使职权时，有渎职行为，构成犯罪的，依照刑法关于渎职罪的规定追究刑事责任。

《最高人民法院、最高人民检察院关于办理渎职刑事案件适用法律若干问题的解释（一）》：

第一条　国家机关工作人员滥用职权或者玩忽职守，具有下列情形之一的，应当认定为刑法第三百九十七条规定的"致使公共财产、国家和人民利益遭受重大损失"：

（一）造成死亡1人以上，或者重伤3人以上，或者轻伤9人以上，或者重伤2人、轻伤3人以上，或者重伤1人、轻伤6人以上的；

（二）造成经济损失30万元以上的；

（三）造成恶劣社会影响的；

（四）其他致使公共财产、国家和人民利益遭受重大损失的情形。

具有下列情形之一的，应当认定为刑法第三百九十七条规定的"情节特别严重"：

（一）造成伤亡达到前款第（一）项规定人数 3 倍以上的；

（二）造成经济损失 150 万元以上的；

（三）造成前款规定的损失后果，不报、迟报、谎报或者授意、指使、强令他人不报、迟报、谎报事故情况，致使损失后果持续、扩大或者抢救工作延误的；

（四）造成特别恶劣社会影响的；

（五）其他特别严重的情节。

《最高人民法院、最高人民检察院关于办理危害食品安全刑事案件适用法律若干问题的解释》：

第十六条　负有食品安全监督管理职责的国家机关工作人员，滥用职权或者玩忽职守，导致发生重大食品安全事故或者造成其他严重后果，同时构成食品监管渎职罪和徇私舞弊不移交刑事案件罪、商检徇私舞弊罪、动植物检疫徇私舞弊罪、放纵制售伪劣商品犯罪行为罪等其他渎职犯罪的，依照处罚较重的规定定罪处罚。

负有食品安全监督管理职责的国家机关工作人员滥用职权或者玩忽职守，不构成食品监管渎职罪，但构成前款规定的其他渎职犯罪的，依照该其他犯罪定罪处罚。

负有食品安全监督管理职责的国家机关工作人员与他人共谋，利用其职务行为帮助他人实施危害食品安全犯罪行为，同时构成渎职犯罪和危害食品安全犯罪共犯的，依照处罚较重的规定定罪处罚。

（四）上述案例的启示

本案中，张 D、谢某犯食品监管失职罪，但两被告人犯罪情节轻微，依法对其免予刑事处罚。

什么是"免予刑事处罚"？"免予刑事处罚"的条件是什么？"免予刑事处罚"的法律规定有哪些？了解这些内容，有助于具体运用罪刑法定原则，维护被告人的合法权益。

"免除处罚"又称"免予刑事处罚"，是指行为人有犯罪事实，并且需要追究刑事责任，对被告作有罪宣告，但是有法定从宽量刑情节的特殊情况，免除其刑罚处罚。免除处罚行为以构成犯罪应受刑罚处罚为前提。

免予刑事处罚要符合两个条件，一是犯罪情节轻微，二是不需要判处刑罚。只有符合免予刑事处罚的条件时，才能适用免予刑事处罚。

《中华人民共和国刑法》第三十七条规定："对于犯罪情节轻微不需要判处刑罚的，可以免予刑事处罚，但是可以根据案件的不同情况，予以训诫或者责令具结悔过、赔礼道歉、赔偿损失，或者由主管部门予以行政处罚或者行政处分。"

《中华人民共和国刑法》的总则、分则对"免予刑事处罚"的规定主要有：

1. 应当免除处罚：对于中止犯，没有造成损害的，应当免除处罚；造成损害的，应当减轻处罚。（第二十四条第二款）

2. 可以免除处罚：犯罪以后自动投案，如实供述自己的罪行的，是自首。对于自首的犯罪分子，可以从轻或者减轻处罚。其中，犯罪较轻的，可以免除处罚。（第六十七条）

3. 应当减轻或者免除处罚：正当防卫明显超过必要限度造成重大损害的，应当负刑事责任，但是应当减轻或者免除处罚。（第二十条第二款）

紧急避险超过必要限度造成不应有的损害的，应当负刑事责任，但是应当减轻或者免除处罚。（第二十一条第二款）

对于被胁迫参加犯罪的，应当按照他的犯罪情节减轻处罚或者免除处罚。（第二十八条）

4. 可以免除或者减轻处罚：凡在中华人民共和国领域外犯罪，依照本法应当负刑事责任的，虽然经过外国审判，仍然可以依照本法追究，但是在外国已经受过刑罚处罚的，可以免除或者减轻处罚。（第十条）

5. 可以减轻或者免除处罚：犯罪分子有揭发他人犯罪行为，查证属实的，或者提供重要线索，从而得以侦破其他案件等立功表现的，可以从轻或者减轻处罚；有重大立功表现的，可以减轻或者免除处罚。（第六十八条）

行贿人在被追诉前主动交待行贿行为的，可以减轻处罚或者免除处罚。（第一百六十四条第四款）

行贿人在被追诉前主动交待行贿行为的，可以从轻或者减轻处罚。其中，犯罪较轻的，对侦破重大案件起关键作用的，或者有重大立功表现的，可以减轻或者免除处罚。（第三百九十条第三款）

介绍贿赂人在被追诉前主动交待介绍贿赂行为的，可以减轻处罚或者免除处罚。（第三百九十二条第二款）

6. 应当从轻、减轻处罚或者免除处罚：对于从犯，应当从轻、减轻处罚或者免除处罚。（第二十七条第二款）

7. 可以从轻、减轻或者免除处罚：又聋又哑的人或者盲人犯罪，可以从轻、减轻或者免除处罚。（第十九条）

对于预备犯，可以比照既遂犯从轻、减轻处罚或者免除处罚。（第二十二条第二款）

对犯贪污罪的，根据情节轻重，分别依照下列规定处罚：

（一）贪污数额较大或者有其他较重情节的，处三年以下有期徒刑或者拘役，并处罚金。

（二）贪污数额巨大或者有其他严重情节的，处三年以上十年以下有期徒刑，并处罚金或者没收财产。

（三）贪污数额特别巨大或者有其他特别严重情节的，处十年以上有期徒刑或者无期徒刑，并处罚金或者没收财产；数额特别巨大，并使国家和人民利益遭受特别重大损失的，处无期徒刑或者死刑，并处没收财产。

对多次贪污未经处理的，按照累计贪污数额处罚。

犯第一款罪，在提起公诉前如实供述自己罪行、真诚悔罪、积极退赃，避免、减少损害结果的发生，有第一项规定情形的，可以从轻、减轻或者免除处罚；有第二项、第三项规定情形的，可以从轻处罚。

（第三百八十三条）

附录一

中华人民共和国食品安全法

（2009 年 2 月 28 日第十一届全国人民代表大会常务委员会第七次会议通过，2015 年 4 月 24 日第十二届全国人民代表大会常务委员会第十四次会议修订，根据 2018 年 12 月 29 日第十三届全国人民代表大会常务委员会第七次会议《关于修改〈中华人民共和国产品质量法〉等五部法律的决定》修正）

目录

第十章　附则

第一章　总则

第一条　为了保证食品安全，保障公众身体健康和生命安全，制定本法。

第二条　在中华人民共和国境内从事下列活动，应当遵守本法：

（一）食品生产和加工（以下称食品生产），食品销售和餐饮服务（以下称食品经营）；

（二）食品添加剂的生产经营；

（三）用于食品的包装材料、容器、洗涤剂、消毒剂和用于食品生产经营的工具、设备（以下称食品相关产品）的生产经营；

（四）食品生产经营者使用食品添加剂、食品相关产品；

（五）食品的贮存和运输；

（六）对食品、食品添加剂、食品相关产品的安全管理。

供食用的源于农业的初级产品（以下称食用农产品）的质量安全管理，遵守《中华人民共和国农产品质量安全法》的规定。但是，食用农产品的市场销售、有关质量安全标准的制定、有关安全信息的公布和本法对农业投入品作出规定的，应当遵守本法的规定。

第三条　食品安全工作实行预防为主、风险管理、全程控制、社会共治，建立科学、严格的监督管理制度。

第四条　食品生产经营者对其生产经营食品的安全负责。

食品生产经营者应当依照法律、法规和食品安全标准从事生产经营活动，保证食品安全，诚信自律，对社会和公众负责，接受社会监督，承担社会责任。

第五条　国务院设立食品安全委员会，其职责由国务院规定。

国务院食品安全监督管理部门依照本法和国务院规定的职责，对食品生产经营活动实施监督管理。

国务院卫生行政部门依照本法和国务院规定的职责，组织开展食品安全风险监测和风险评估，会同国务院食品安全监督管理部门制定并公布食品安全国家标准。

国务院其他有关部门依照本法和国务院规定的职责，承担有关食品安全工作。

第六条 县级以上地方人民政府对本行政区域的食品安全监督管理工作负责，统一领导、组织、协调本行政区域的食品安全监督管理工作以及食品安全突发事件应对工作，建立健全食品安全全程监督管理工作机制和信息共享机制。

县级以上地方人民政府依照本法和国务院的规定，确定本级食品安全监督管理、卫生行政部门和其他有关部门的职责。有关部门在各自职责范围内负责本行政区域的食品安全监督管理工作。

县级人民政府食品安全监督管理部门可以在乡镇或者特定区域设立派出机构。

第七条 县级以上地方人民政府实行食品安全监督管理责任制。上级人民政府负责对下一级人民政府的食品安全监督管理工作进行评议、考核。县级以上地方人民政府负责对本级食品安全监督管理部门和其他有关部门的食品安全监督管理工作进行评议、考核。

第八条 县级以上人民政府应当将食品安全工作纳入本级国民经济和社会发展规划，将食品安全工作经费列入本级政府财政预算，加强食品安全监督管理能力建设，为食品安全工作提供保障。

县级以上人民政府食品安全监督管理部门和其他有关部门应当加强沟通、密切配合，按照各自职责分工，依法行使职权，承担责任。

第九条 食品行业协会应当加强行业自律，按照章程建立健全行业规范和奖惩机制，提供食品安全信息、技术等服务，引导和督促食品生产经营者依法生产经营，推动行业诚信建设，宣传、普及食品安全知识。

消费者协会和其他消费者组织对违反本法规定，损害消费者合法权益的行为，依法进行社会监督。

第十条　各级人民政府应当加强食品安全的宣传教育，普及食品安全知识，鼓励社会组织、基层群众性自治组织、食品生产经营者开展食品安全法律、法规以及食品安全标准和知识的普及工作，倡导健康的饮食方式，增强消费者食品安全意识和自我保护能力。

新闻媒体应当开展食品安全法律、法规以及食品安全标准和知识的公益宣传，并对食品安全违法行为进行舆论监督。有关食品安全的宣传报道应当真实、公正。

第十一条　国家鼓励和支持开展与食品安全有关的基础研究、应用研究，鼓励和支持食品生产经营者为提高食品安全水平采用先进技术和先进管理规范。

国家对农药的使用实行严格的管理制度，加快淘汰剧毒、高毒、高残留农药，推动替代产品的研发和应用，鼓励使用高效低毒低残留农药。

第十二条　任何组织或者个人有权举报食品安全违法行为，依法向有关部门了解食品安全信息，对食品安全监督管理工作提出意见和建议。

第十三条　对在食品安全工作中做出突出贡献的单位和个人，按照国家有关规定给予表彰、奖励。

第二章　食品安全风险监测和评估

第十四条　国家建立食品安全风险监测制度，对食源性疾病、食品污染以及食品中的有害因素进行监测。

国务院卫生行政部门会同国务院食品安全监督管理等部门，制定、实施国家食品安全风险监测计划。

国务院食品安全监督管理部门和其他有关部门获知有关食品安全风险信息后，应当立即核实并向国务院卫生行政部门通报。对有关部门通报的食品安全风险信息以及医疗机构报告的食源性疾病等有关疾病信息，国务院卫生行政部门应当会同国务院有关部门分析研究，认为必要的，及时调整国家食品安全风险监测计划。

省、自治区、直辖市人民政府卫生行政部门会同同级食品安全监督管理等部门，根据国家食品安全风险监测计划，结合本行政区域的具体情况，制定、调整本行政区域的食品安全风险监测方案，报国务院卫生行政部门备案并实施。

第十五条　承担食品安全风险监测工作的技术机构应当根据食品安全风险监测计划和监测方案开展监测工作，保证监测数据真实、准确，并按照食品安全风险监测计划和监测方案的要求报送监测数据和分析结果。

食品安全风险监测工作人员有权进入相关食用农产品种植养殖、食品生产经营场所采集样品、收集相关数据。采集样品应当按照市场价格支付费用。

第十六条　食品安全风险监测结果表明可能存在食品安全隐患的，县级以上人民政府卫生行政部门应当及时将相关信息通报同级食品安全监督管理等部门，并报告本级人民政府和上级人民政府卫生行政部门。食品安全监督管理等部门应当组织开展进一步调查。

第十七条　国家建立食品安全风险评估制度，运用科学方法，根据食品安全风险监测信息、科学数据以及有关信息，对食品、食品添加剂、食品相关产品中生物性、化学性和物理性危害因素进行风险评估。

国务院卫生行政部门负责组织食品安全风险评估工作，成立由医学、农业、食品、营养、生物、环境等方面的专家组成的食品安全风险评估专家委员会进行食品安全风险评估。食品安全风险评估结果由国务院卫生行政部门公布。

对农药、肥料、兽药、饲料和饲料添加剂等的安全性评估，应当有食品安全风险评估专家委员会的专家参加。

食品安全风险评估不得向生产经营者收取费用，采集样品应当按照市场价格支付费用。

第十八条　有下列情形之一的，应当进行食品安全风险评估：

（一）通过食品安全风险监测或者接到举报发现食品、食品添加剂、食品相关产品可能存在安全隐患的；

（二）为制定或者修订食品安全国家标准提供科学依据需要进行风险评估的；

（三）为确定监督管理的重点领域、重点品种需要进行风险评估的；

（四）发现新的可能危害食品安全因素的；

（五）需要判断某一因素是否构成食品安全隐患的；

（六）国务院卫生行政部门认为需要进行风险评估的其他情形。

第十九条　国务院食品安全监督管理、农业行政等部门在监督管理工作中发现需要进行食品安全风险评估的，应当向国务院卫生行政部门提出食品安全风险评估的建议，并提供风险来源、相关检验数据和结论等信息、资料。属于本法第十八条规定情形的，国务院卫生行政部门应当及时进行食品安全风险评估，并向国务院有关部门通报评估结果。

第二十条　省级以上人民政府卫生行政、农业行政部门应当及时相互通报食品、食用农产品安全风险监测信息。

国务院卫生行政、农业行政部门应当及时相互通报食品、食用农产品安全风险评估结果等信息。

第二十一条　食品安全风险评估结果是制定、修订食品安全标准和实施食品安全监督管理的科学依据。

经食品安全风险评估，得出食品、食品添加剂、食品相关产品不安全结论的，国务院食品安全监督管理等部门应当依据各自职责立即向社会公告，告知消费者停止食用或者使用，并采取相应措施，确保该食品、食品添加剂、食品相关产品停止生产经营；需要制定、修订相关食品安全国家标准的，国务院卫生行政部门应当会同国务院食品安全监督管理部门立即制定、修订。

第二十二条　国务院食品安全监督管理部门应当会同国务院有关部门，根据食品安全风险评估结果、食品安全监督管理信息，对食品安全状况进行综合分析。对经综合分析表明可能具有较高程度安全风险的食品，国务院食品安全监督管理部门应当及时提出食品安全风险警示，并向社会公布。

第二十三条　县级以上人民政府食品安全监督管理部门和其他有关部门、食品安全风险评估专家委员会及其技术机构，应当按照科学、客观、及时、公开的原则，组织食品生产经营者、食品检验机构、认证机构、食品行业协会、消费者协会以及新闻媒体等，就食品安全风险评估信息和食品安全监督管理信息进行交流沟通。

第三章　食品安全标准

第二十四条　制定食品安全标准，应当以保障公众身体健康为宗旨，做到科学合理、安全可靠。

第二十五条　食品安全标准是强制执行的标准。除食品安全标准外，不得制定其他食品强制性标准。

第二十六条　食品安全标准应当包括下列内容：

（一）食品、食品添加剂、食品相关产品中的致病性微生物，农药残留、兽药残留、生物毒素、重金属等污染物质以及其他危害人体健康物质的限量规定；

（二）食品添加剂的品种、使用范围、用量；

（三）专供婴幼儿和其他特定人群的主辅食品的营养成分要求；

（四）对与卫生、营养等食品安全要求有关的标签、标志、说明书的要求；

（五）食品生产经营过程的卫生要求；

（六）与食品安全有关的质量要求；

（七）与食品安全有关的食品检验方法与规程；

（八）其他需要制定为食品安全标准的内容。

第二十七条　食品安全国家标准由国务院卫生行政部门会同国务院食品安全监督管理部门制定、公布，国务院标准化行政部门提供国家标准编号。

食品中农药残留、兽药残留的限量规定及其检验方法与规程由国务院卫生行政部门、国务院农业行政部门会同国务院食品安全监督管理部门制定。

屠宰畜、禽的检验规程由国务院农业行政部门会同国务院卫生行政部门制定。

第二十八条　制定食品安全国家标准，应当依据食品安全风险评估结果并充分考虑食用农产品安全风险评估结果，参照相关的国际标准和国际食品安全风险评估结果，并将食品安全国家标准草案向社会公布，广泛听取食品生产经营者、消费者、有关部门等方面的意见。

食品安全国家标准应当经国务院卫生行政部门组织的食品安全国家标准审评委员会审查通过。食品安全国家标准审评委员会由医学、农业、食品、营养、生物、环境等方面的专家以及国务院有关部门、食品行业协会、消费者协会的代表组成，对食品安全国家标准草案的科学性和实用性等进行审查。

第二十九条 对地方特色食品，没有食品安全国家标准的，省、自治区、直辖市人民政府卫生行政部门可以制定并公布食品安全地方标准，报国务院卫生行政部门备案。食品安全国家标准制定后，该地方标准即行废止。

第三十条 国家鼓励食品生产企业制定严于食品安全国家标准或者地方标准的企业标准，在本企业适用，并报省、自治区、直辖市人民政府卫生行政部门备案。

第三十一条 省级以上人民政府卫生行政部门应当在其网站上公布制定和备案的食品安全国家标准、地方标准和企业标准，供公众免费查阅、下载。

对食品安全标准执行过程中的问题，县级以上人民政府卫生行政部门应当会同有关部门及时给予指导、解答。

第三十二条 省级以上人民政府卫生行政部门应当会同同级食品安全监督管理、农业行政等部门，分别对食品安全国家标准和地方标准的执行情况进行跟踪评价，并根据评价结果及时修订食品安全标准。

省级以上人民政府食品安全监督管理、农业行政等部门应当对食品安全标准执行中存在的问题进行收集、汇总，并及时向同级卫生行政部门通报。

食品生产经营者、食品行业协会发现食品安全标准在执行中存在问题的，应当立即向卫生行政部门报告。

第四章 食品生产经营
第一节 一般规定

第三十三条 食品生产经营应当符合食品安全标准，并符合下列要求：

（一）具有与生产经营的食品品种、数量相适应的食品原料处理和食品加工、包装、贮存等场所，保持该场所环境整洁，并与有毒、有害场所以及其他污染源保持规定的距离；

（二）具有与生产经营的食品品种、数量相适应的生产经营设备或者设施，有相应的消毒、更衣、盥洗、采光、照明、通风、防腐、防尘、防蝇、防鼠、防虫、洗涤以及处理废水、存放垃圾和废弃物的设备或者设施；

（三）有专职或者兼职的食品安全专业技术人员、食品安全管理人员和保证食品安全的规章制度；

（四）具有合理的设备布局和工艺流程，防止待加工食品与直接入口食品、原料与成品交叉污染，避免食品接触有毒物、不洁物；

（五）餐具、饮具和盛放直接入口食品的容器，使用前应当洗净、消毒，炊具、用具用后应当洗净，保持清洁；

（六）贮存、运输和装卸食品的容器、工具和设备应当安全、无害，保持清洁，防止食品污染，并符合保证食品安全所需的温度、湿度等特殊要求，不得将食品与有毒、有害物品一同贮存、运输；

（七）直接入口的食品应当使用无毒、清洁的包装材料、餐具、饮具和容器；

（八）食品生产经营人员应当保持个人卫生，生产经营食品时，应当将手洗净，穿戴清洁的工作衣、帽等；销售无包装的直接入口食品时，应当使用无毒、清洁的容器、售货工具和设备；

（九）用水应当符合国家规定的生活饮用水卫生标准；

（十）使用的洗涤剂、消毒剂应当对人体安全、无害；

（十一）法律、法规规定的其他要求。

非食品生产经营者从事食品贮存、运输和装卸的，应当符合前款第六项的规定。

第三十四条　禁止生产经营下列食品、食品添加剂、食品相关产品：

（一）用非食品原料生产的食品或者添加食品添加剂以外的化学物质和其他可能危害人体健康物质的食品，或者用回收食品作为原料生产的食品；

（二）致病性微生物，农药残留、兽药残留、生物毒素、重金属等污染物质以及其他危害人体健康的物质含量超过食品安全标准限量的食品、食品添加剂、食品相关产品；

（三）用超过保质期的食品原料、食品添加剂生产的食品、食品添加剂；

（四）超范围、超限量使用食品添加剂的食品；

（五）营养成分不符合食品安全标准的专供婴幼儿和其他特定人群的主辅食品；

（六）腐败变质、油脂酸败、霉变生虫、污秽不洁、混有异物、掺假掺杂或者感官性状异常的食品、食品添加剂；

（七）病死、毒死或者死因不明的禽、畜、兽、水产动物肉类及其制品；

（八）未按规定进行检疫或者检疫不合格的肉类，或者未经检验或者检验不合格的肉类制品；

（九）被包装材料、容器、运输工具等污染的食品、食品添加剂；

（十）标注虚假生产日期、保质期或者超过保质期的食品、食品添加剂；

（十一）无标签的预包装食品、食品添加剂；

（十二）国家为防病等特殊需要明令禁止生产经营的食品；

（十三）其他不符合法律、法规或者食品安全标准的食品、食品添加剂、食品相关产品。

第三十五条　国家对食品生产经营实行许可制度。从事食品生产、食品销售、餐饮服务，应当依法取得许可。但是，销售食用农产品，不需要取得许可。

县级以上地方人民政府食品安全监督管理部门应当依照《中华人民共和国行政许可法》的规定，审核申请人提交的本法第三十三条第一款第一项至第四项规定要求的相关资料，必要时对申请人的生产经营场所进行现场核查；对符合规定条件的，准予许可；对不符合规定条件的，不予许可并书面说明理由。

第三十六条　食品生产加工小作坊和食品摊贩等从事食品生产经营活动，应当符合本法规定的与其生产经营规模、条件相适应的食品安全要求，保证所生产经营的食品卫生、无毒、无害，食品安全监督管理部门应当对其加强监督管理。

县级以上地方人民政府应当对食品生产加工小作坊、食品摊贩等进行综合治理，加强服务和统一规划，改善其生产经营环境，鼓励和支持其改进生产经营条件，进入集中交易市场、店铺等固定场所经营，或者在指定的临时经营区域、时段经营。

食品生产加工小作坊和食品摊贩等的具体管理办法由省、自治区、直辖市制定。

第三十七条　利用新的食品原料生产食品，或者生产食品添加剂新品种、食品相关产品新品种，应当向国务院卫生行政部门提交相关产品的安全性评估材料。国务院卫生行政部门应当自收到申请之日起六十日内组织审查；对符合食品安全要求的，准予许可并公布；对不符合食品安全要求的，不予许可并书面说明理由。

第三十八条　生产经营的食品中不得添加药品，但是可以添加按照传统既是食品又是中药材的物质。按照传统既是食品又是中药材的物质目录由国务院卫生行政部门会同国务院食品安全监督管理部门制定、公布。

第三十九条　国家对食品添加剂生产实行许可制度。从事食品添加剂生产，应当具有与所生产食品添加剂品种相适应的场所、生产设备或者设施、专业技术人员和管理制度，并依照本法第三十五条第二款规定的程序，取得食品添加剂生产许可。

生产食品添加剂应当符合法律、法规和食品安全国家标准。

第四十条　食品添加剂应当在技术上确有必要且经过风险评估证明安全可靠，方可列入允许使用的范围；有关食品安全国家标准应当根据技术必要性和食品安全风险评估结果及时修订。

食品生产经营者应当按照食品安全国家标准使用食品添加剂。

第四十一条　生产食品相关产品应当符合法律、法规和食品安全国家标准。对直接接触食品的包装材料等具有较高风险的食品相关产品，按照国家有关工业产品生产许可证管理的规定实施生产许可。食品安全监督管理部门应当加强对食品相关产品生产活动的监督管理。

第四十二条　国家建立食品安全全程追溯制度。

食品生产经营者应当依照本法的规定，建立食品安全追溯体系，保证食品可追溯。国家鼓励食品生产经营者采用信息化手段采集、留存生产经营信息，建立食品安全追溯体系。

国务院食品安全监督管理部门会同国务院农业行政等有关部门建立食品安全全程追溯协作机制。

第四十三条　地方各级人民政府应当采取措施鼓励食品规模化生产和连锁经营、配送。

国家鼓励食品生产经营企业参加食品安全责任保险。

第二节　生产经营过程控制

第四十四条　食品生产经营企业应当建立健全食品安全管理制度，对职工进行食品安全知识培训，加强食品检验工作，依法从事生产经营活动。

食品生产经营企业的主要负责人应当落实企业食品安全管理制度，对本企业的食品安全工作全面负责。

食品生产经营企业应当配备食品安全管理人员，加强对其培训和考核。经考核不具备食品安全管理能力的，不得上岗。食品安全监督管理部门应当对企业食品安全管理人员随机进行监督抽查考核并公布考核情况。监督抽查考核不得收取费用。

第四十五条　食品生产经营者应当建立并执行从业人员健康管理制度。患有国务院卫生行政部门规定的有碍食品安全疾病的人员，不得从事接触直接入口食品的工作。

从事接触直接入口食品工作的食品生产经营人员应当每年进行健康检查，取得健康证明后方可上岗工作。

第四十六条　食品生产企业应当就下列事项制定并实施控制要求，保证所生产的食品符合食品安全标准：

（一）原料采购、原料验收、投料等原料控制；

（二）生产工序、设备、贮存、包装等生产关键环节控制；

（三）原料检验、半成品检验、成品出厂检验等检验控制；

（四）运输和交付控制。

第四十七条　食品生产经营者应当建立食品安全自查制度，定期对食品安全状况进行检查评价。生产经营条件发生变化，不再符合食品安全要求的，食品生产经营者应当立即采取整改措施；有发生食品安全事故潜在风险的，应当立即停止食品生产经营活动，并向所在地县级人民政府食品安全监督管理部门报告。

第四十八条　国家鼓励食品生产经营企业符合良好生产规范要求，实施危害分析与关键控制点体系，提高食品安全管理水平。

对通过良好生产规范、危害分析与关键控制点体系认证的食品生产经营企业，认证机构应当依法实施跟踪调查；对不再符合认证要求的企业，应当依法撤销认证，及时向县级以上人民政府食品安全监督管理部门通报，并向社会公布。认证机构实施跟踪调查不得收取费用。

第四十九条　食用农产品生产者应当按照食品安全标准和国家有关规定使用农药、肥料、兽药、饲料和饲料添加剂等农业投入品，严格执行农业投入品使用安全间隔期或者休药期的规定，不得使用国家明令禁止的农业投入品。禁止将剧毒、高毒农药用于蔬菜、瓜果、茶叶和中草药材等国家规定的农作物。

食用农产品的生产企业和农民专业合作经济组织应当建立农业投入品使用记录制度。

县级以上人民政府农业行政部门应当加强对农业投入品使用的监督管理和指导，建立健全农业投入品安全使用制度。

第五十条　食品生产者采购食品原料、食品添加剂、食品相关产品，应当查验供货者的许可证和产品合格证明；对无法提供合格证明的食品原料，应当按照食品安全标准进行检验；不得采购或者使用不符合食品安全标准的食品原料、食品添加剂、食品相关产品。

食品生产企业应当建立食品原料、食品添加剂、食品相关产品进货查验记录制度，如实记录食品原料、食品添加剂、食品相关产品的名称、规格、数量、生产日期或者生产批号、保质期、进货日期以及供货者名称、地址、联系方式等内容，并保存相关凭证。记录和凭证保存期限不得少于产品保质期满后六个月；没有明确保质期的，保存期限不得少于二年。

第五十一条　食品生产企业应当建立食品出厂检验记录制度，查验出厂食品的检验合格证和安全状况，如实记录食品的名称、规格、数量、生产日期或者生产批号、保质期、检验合格证号、销售日期以及购货者名称、地址、联系方式等内容，并保存相关凭证。记录和凭证保存期限应当符合本法第五十条第二款的规定。

第五十二条 食品、食品添加剂、食品相关产品的生产者，应当按照食品安全标准对所生产的食品、食品添加剂、食品相关产品进行检验，检验合格后方可出厂或者销售。

第五十三条 食品经营者采购食品，应当查验供货者的许可证和食品出厂检验合格证或者其他合格证明（以下称合格证明文件）。

食品经营企业应当建立食品进货查验记录制度，如实记录食品的名称、规格、数量、生产日期或者生产批号、保质期、进货日期以及供货者名称、地址、联系方式等内容，并保存相关凭证。记录和凭证保存期限应当符合本法第五十条第二款的规定。

实行统一配送经营方式的食品经营企业，可以由企业总部统一查验供货者的许可证和食品合格证明文件，进行食品进货查验记录。

从事食品批发业务的经营企业应当建立食品销售记录制度，如实记录批发食品的名称、规格、数量、生产日期或者生产批号、保质期、销售日期以及购货者名称、地址、联系方式等内容，并保存相关凭证。记录和凭证保存期限应当符合本法第五十条第二款的规定。

第五十四条 食品经营者应当按照保证食品安全的要求贮存食品，定期检查库存食品，及时清理变质或者超过保质期的食品。

食品经营者贮存散装食品，应当在贮存位置标明食品的名称、生产日期或者生产批号、保质期、生产者名称及联系方式等内容。

第五十五条 餐饮服务提供者应当制定并实施原料控制要求，不得采购不符合食品安全标准的食品原料。倡导餐饮服务提供者公开加工过程，公示食品原料及其来源等信息。

餐饮服务提供者在加工过程中应当检查待加工的食品及原料，发现有本法第三十四条第六项规定情形的，不得加工或者使用。

第五十六条 餐饮服务提供者应当定期维护食品加工、贮存、陈列等设施、设备；定期清洗、校验保温设施及冷藏、冷冻设施。

餐饮服务提供者应当按照要求对餐具、饮具进行清洗消毒，不得使用未经清洗消毒的餐具、饮具；餐饮服务提供者委托清洗消毒餐具、饮具的，应当委托符合本法规定条件的餐具、饮具集中消毒服务单位。

第五十七条　学校、托幼机构、养老机构、建筑工地等集中用餐单位的食堂应当严格遵守法律、法规和食品安全标准；从供餐单位订餐的，应当从取得食品生产经营许可的企业订购，并按照要求对订购的食品进行查验。供餐单位应当严格遵守法律、法规和食品安全标准，当餐加工，确保食品安全。

学校、托幼机构、养老机构、建筑工地等集中用餐单位的主管部门应当加强对集中用餐单位的食品安全教育和日常管理，降低食品安全风险，及时消除食品安全隐患。

第五十八条　餐具、饮具集中消毒服务单位应当具备相应的作业场所、清洗消毒设备或者设施，用水和使用的洗涤剂、消毒剂应当符合相关食品安全国家标准和其他国家标准、卫生规范。

餐具、饮具集中消毒服务单位应当对消毒餐具、饮具进行逐批检验，检验合格后方可出厂，并应当随附消毒合格证明。消毒后的餐具、饮具应当在独立包装上标注单位名称、地址、联系方式、消毒日期以及使用期限等内容。

第五十九条　食品添加剂生产者应当建立食品添加剂出厂检验记录制度，查验出厂产品的检验合格证和安全状况，如实记录食品添加剂的名称、规格、数量、生产日期或者生产批号、保质期、检验合格证号、销售日期以及购货者名称、地址、联系方式等相关内容，并保存相关凭证。记录和凭证保存期限应当符合本法第五十条第二款的规定。

第六十条　食品添加剂经营者采购食品添加剂，应当依法查验供货者的许可证和产品合格证明文件，如实记录食品添加剂的名称、规格、数量、生产日期或者生产批号、保质期、进货日期以及供货者名称、地址、联系方式等内容，并保存相关凭证。记录和凭证保存期限应当符合本法第五十条第二款的规定。

第六十一条　集中交易市场的开办者、柜台出租者和展销会举办者，应当依法审查入场食品经营者的许可证，明确其食品安全管理责任，定期对其经营环境和条件进行检查，发现其有违反本法规定行为的，应当及时制止并立即报告所在地县级人民政府食品安全监督管理部门。

第六十二条　网络食品交易第三方平台提供者应当对入网食品经营者进行实名登记，明确其食品安全管理责任；依法应当取得许可证的，还应当审查其许可证。

网络食品交易第三方平台提供者发现入网食品经营者有违反本法规定行为的，应当及时制止并立即报告所在地县级人民政府食品安全监督管理部门；发现严重违法行为的，应当立即停止提供网络交易平台服务。

第六十三条　国家建立食品召回制度。食品生产者发现其生产的食品不符合食品安全标准或者有证据证明可能危害人体健康的，应当立即停止生产，召回已经上市销售的食品，通知相关生产经营者和消费者，并记录召回和通知情况。

食品经营者发现其经营的食品有前款规定情形的，应当立即停止经营，通知相关生产经营者和消费者，并记录停止经营和通知情况。食品生产者认为应当召回的，应当立即召回。由于食品经营者的原因造成其经营的食品有前款规定情形的，食品经营者应当召回。

食品生产经营者应当对召回的食品采取无害化处理、销毁等措施，防止其再次流入市场。但是，对因标签、标志或者说明书不符合食品安全标准而被召回的食品，食品生产者在采取补救措施且能保证食品安全的情况下可以继续销售；销售时应当向消费者明示补救措施。

食品生产经营者应当将食品召回和处理情况向所在地县级人民政府食品安全监督管理部门报告；需要对召回的食品进行无害化处理、销毁的，应当提前报告时间、地点。食品安全监督管理部门认为必要的，可以实施现场监督。

食品生产经营者未依照本条规定召回或者停止经营的，县级以上人民政府食品安全监督管理部门可以责令其召回或者停止经营。

第六十四条　食用农产品批发市场应当配备检验设备和检验人员或者委托符合本法规定的食品检验机构，对进入该批发市场销售的食用农产品进行抽样检验；发现不符合食品安全标准的，应当要求销售者立即停止销售，并向食品安全监督管理部门报告。

第六十五条　食用农产品销售者应当建立食用农产品进货查验记录制度，如实记录食用农产品的名称、数量、进货日期以及供货者名称、地址、联系方式等内容，并保存相关凭证。记录和凭证保存期限不得少于六个月。

第六十六条　进入市场销售的食用农产品在包装、保鲜、贮存、运输中使用保鲜剂、防腐剂等食品添加剂和包装材料等食品相关产品，应当符合食品安全国家标准。

第三节　标签、说明书和广告

第六十七条　预包装食品的包装上应当有标签。标签应当标明下列事项：

（一）名称、规格、净含量、生产日期；

（二）成分或者配料表；

（三）生产者的名称、地址、联系方式；

（四）保质期；

（五）产品标准代号；

（六）贮存条件；

（七）所使用的食品添加剂在国家标准中的通用名称；

（八）生产许可证编号；

（九）法律、法规或者食品安全标准规定应当标明的其他事项。

专供婴幼儿和其他特定人群的主辅食品，其标签还应当标明主要营养成分及其含量。

食品安全国家标准对标签标注事项另有规定的，从其规定。

第六十八条　食品经营者销售散装食品，应当在散装食品的容器、外包装上标明食品的名称、生产日期或者生产批号、保质期以及生产经营者名称、地址、联系方式等内容。

第六十九条　生产经营转基因食品应当按照规定显著标示。

第七十条　食品添加剂应当有标签、说明书和包装。标签、说明书应当载明本法第六十七条第一款第一项至第六项、第八项、第九项规定的事项，以及食品添加剂的使用范围、用量、使用方法，并在标签上载明"食品添加剂"字样。

第七十一条　食品和食品添加剂的标签、说明书，不得含有虚假内容，不得涉及疾病预防、治疗功能。生产经营者对其提供的标签、说明书的内容负责。

食品和食品添加剂的标签、说明书应当清楚、明显，生产日期、保质期等事项应当显著标注，容易辨识。

食品和食品添加剂与其标签、说明书的内容不符的，不得上市销售。

第七十二条　食品经营者应当按照食品标签标示的警示标志、警示说明或者注意事项的要求销售食品。

第七十三条　食品广告的内容应当真实合法，不得含有虚假内容，不得涉及疾病预防、治疗功能。食品生产经营者对食品广告内容的真实性、合法性负责。

县级以上人民政府食品安全监督管理部门和其他有关部门以及食品检验机构、食品行业协会不得以广告或者其他形式向消费者推荐食品。消费者组织不得以收取费用或者其他牟取利益的方式向消费者推荐食品。

第四节 特殊食品

第七十四条　国家对保健食品、特殊医学用途配方食品和婴幼儿配方食品等特殊食品实行严格监督管理。

第七十五条　保健食品声称保健功能，应当具有科学依据，不得对人体产生急性、亚急性或者慢性危害。

保健食品原料目录和允许保健食品声称的保健功能目录，由国务院食品安全监督管理部门会同国务院卫生行政部门、国家中医药管理部门制定、调整并公布。

保健食品原料目录应当包括原料名称、用量及其对应的功效；列入保健食品原料目录的原料只能用于保健食品生产，不得用于其他食品生产。

第七十六条　使用保健食品原料目录以外原料的保健食品和首次进口的保健食品应当经国务院食品安全监督管理部门注册。但是，首次进口的保健食品中属于补充维生素、矿物质等营养物质的，应当报国务院食品安全监督管理部门备案。其他保健食品应当报省、自治区、直辖市人民政府食品安全监督管理部门备案。

进口的保健食品应当是出口国（地区）主管部门准许上市销售的产品。

第七十七条　依法应当注册的保健食品，注册时应当提交保健食品的研发报告、产品配方、生产工艺、安全性和保健功能评价、标签、说明书等材料及样品，并提供相关证明文件。国务院食品安全监督管理部门经组织技术审评,对符合安全和功能声称要求的,准予注册;对不符合要求的,不予注册并书面说明理由。对使用保健食品原料目录以外原料的保健食品作出准予注册决定的,应当及时将该原料纳入保健食品原料目录。

依法应当备案的保健食品,备案时应当提交产品配方、生产工艺、标签、说明书以及表明产品安全性和保健功能的材料。

第七十八条　保健食品的标签、说明书不得涉及疾病预防、治疗功能,内容应当真实,与注册或者备案的内容相一致,载明适宜人群、不适宜人群、功效成分或者标志性成分及其含量等,并声明"本品不能代替药物"。保健食品的功能和成分应当与标签、说明书相一致。

第七十九条　保健食品广告除应当符合本法第七十三条第一款的规定外,还应当声明"本品不能代替药物";其内容应当经生产企业所在地省、自治区、直辖市人民政府食品安全监督管理部门审查批准,取得保健食品广告批准文件。省、自治区、直辖市人民政府食品安全监督管理部门应当公布并及时更新已经批准的保健食品广告目录以及批准的广告内容。

第八十条　特殊医学用途配方食品应当经国务院食品安全监督管理部门注册。注册时,应当提交产品配方、生产工艺、标签、说明书以及表明产品安全性、营养充足性和特殊医学用途临床效果的材料。

特殊医学用途配方食品广告适用《中华人民共和国广告法》和其他法律、行政法规关于药品广告管理的规定。

第八十一条　婴幼儿配方食品生产企业应当实施从原料进厂到成品出厂的全过程质量控制,对出厂的婴幼儿配方食品实施逐批检验,保证食品安全。

生产婴幼儿配方食品使用的生鲜乳、辅料等食品原料、食品添加剂等,应当符合法律、行政法规的规定和食品安全国家标准,保证婴幼儿生长发育所需的营养成分。

婴幼儿配方食品生产企业应当将食品原料、食品添加剂、产品配方及标签等事项向省、自治区、直辖市人民政府食品安全监督管理部门备案。

婴幼儿配方乳粉的产品配方应当经国务院食品安全监督管理部门注册。注册时，应当提交配方研发报告和其他表明配方科学性、安全性的材料。

不得以分装方式生产婴幼儿配方乳粉，同一企业不得用同一配方生产不同品牌的婴幼儿配方乳粉。

第八十二条　保健食品、特殊医学用途配方食品、婴幼儿配方乳粉的注册人或者备案人应当对其提交材料的真实性负责。

省级以上人民政府食品安全监督管理部门应当及时公布注册或者备案的保健食品、特殊医学用途配方食品、婴幼儿配方乳粉目录，并对注册或者备案中获知的企业商业秘密予以保密。

保健食品、特殊医学用途配方食品、婴幼儿配方乳粉生产企业应当按照注册或者备案的产品配方、生产工艺等技术要求组织生产。

第八十三条　生产保健食品、特殊医学用途配方食品、婴幼儿配方食品和其他专供特定人群的主辅食品的企业，应当按照良好生产规范的要求建立与所生产食品相适应的生产质量管理体系，定期对该体系的运行情况进行自查，保证其有效运行，并向所在地县级人民政府食品安全监督管理部门提交自查报告。

第五章　食品检验

第八十四条　食品检验机构按照国家有关认证认可的规定取得资质认定后，方可从事食品检验活动。但是，法律另有规定的除外。

食品检验机构的资质认定条件和检验规范，由国务院食品安全监督管理部门规定。

符合本法规定的食品检验机构出具的检验报告具有同等效力。

县级以上人民政府应当整合食品检验资源，实现资源共享。

第八十五条　食品检验由食品检验机构指定的检验人独立进行。

检验人应当依照有关法律、法规的规定，并按照食品安全标准和检验规范对食品进行检验，尊重科学，恪守职业道德，保证出具的检验数据和结论客观、公正，不得出具虚假检验报告。

第八十六条　食品检验实行食品检验机构与检验人负责制。食品检验报告应当加盖食品检验机构公章，并有检验人的签名或者盖章。食品检验机构和检验人对出具的食品检验报告负责。

第八十七条　县级以上人民政府食品安全监督管理部门应当对食品进行定期或者不定期的抽样检验，并依据有关规定公布检验结果，不得免检。进行抽样检验，应当购买抽取的样品，委托符合本法规定的食品检验机构进行检验，并支付相关费用；不得向食品生产经营者收取检验费和其他费用。

第八十八条　对依照本法规定实施的检验结论有异议的，食品生产经营者可以自收到检验结论之日起七个工作日内向实施抽样检验的食品安全监督管理部门或者其上一级食品安全监督管理部门提出复检申请，由受理复检申请的食品安全监督管理部门在公布的复检机构名录中随机确定复检机构进行复检。复检机构出具的复检结论为最终检验结论。复检机构与初检机构不得为同一机构。复检机构名录由国务院认证认可监督管理、食品安全监督管理、卫生行政、农业行政等部门共同公布。

采用国家规定的快速检测方法对食用农产品进行抽查检测，被抽查人对检测结果有异议的，可以自收到检测结果时起四小时内申请复检。复检不得采用快速检测方法。

第八十九条　食品生产企业可以自行对所生产的食品进行检验，

也可以委托符合本法规定的食品检验机构进行检验。

食品行业协会和消费者协会等组织、消费者需要委托食品检验机构对食品进行检验的，应当委托符合本法规定的食品检验机构进行。

第九十条　食品添加剂的检验，适用本法有关食品检验的规定。

第六章　食品进出口

第九十一条　国家出入境检验检疫部门对进出口食品安全实施监督管理。

第九十二条　进口的食品、食品添加剂、食品相关产品应当符合我国食品安全国家标准。

进口的食品、食品添加剂应当经出入境检验检疫机构依照进出口商品检验相关法律、行政法规的规定检验合格。

进口的食品、食品添加剂应当按照国家出入境检验检疫部门的要求随附合格证明材料。

第九十三条　进口尚无食品安全国家标准的食品，由境外出口商、境外生产企业或者其委托的进口商向国务院卫生行政部门提交所执行的相关国家（地区）标准或者国际标准。国务院卫生行政部门对相关标准进行审查，认为符合食品安全要求的，决定暂予适用，并及时制定相应的食品安全国家标准。进口利用新的食品原料生产的食品或者进口食品添加剂新品种、食品相关产品新品种，依照本法第三十七条的规定办理。

出入境检验检疫机构按照国务院卫生行政部门的要求，对前款规定的食品、食品添加剂、食品相关产品进行检验。检验结果应当公开。

第九十四条　境外出口商、境外生产企业应当保证向我国出口的食品、食品添加剂、食品相关产品符合本法以及我国其他有关法律、行政法规的规定和食品安全国家标准的要求，并对标签、说明书的内容负责。

进口商应当建立境外出口商、境外生产企业审核制度，重点审核前款规定的内容；审核不合格的，不得进口。

发现进口食品不符合我国食品安全国家标准或者有证据证明可能危害人体健康的，进口商应当立即停止进口，并依照本法第六十三条的规定召回。

第九十五条　境外发生的食品安全事件可能对我国境内造成影响，或者在进口食品、食品添加剂、食品相关产品中发现严重食品安全问题的，国家出入境检验检疫部门应当及时采取风险预警或者控制措施，并向国务院食品安全监督管理、卫生行政、农业行政部门通报。接到通报的部门应当及时采取相应措施。

县级以上人民政府食品安全监督管理部门对国内市场上销售的进口食品、食品添加剂实施监督管理。发现存在严重食品安全问题的，国务院食品安全监督管理部门应当及时向国家出入境检验检疫部门通报。国家出入境检验检疫部门应当及时采取相应措施。

第九十六条　向我国境内出口食品的境外出口商或者代理商、进口食品的进口商应当向国家出入境检验检疫部门备案。向我国境内出口食品的境外食品生产企业应当经国家出入境检验检疫部门注册。已经注册的境外食品生产企业提供虚假材料，或者因其自身的原因致使进口食品发生重大食品安全事故的，国家出入境检验检疫部门应当撤销注册并公告。

国家出入境检验检疫部门应当定期公布已经备案的境外出口商、代理商、进口商和已经注册的境外食品生产企业名单。

第九十七条　进口的预包装食品、食品添加剂应当有中文标签；依法应当有说明书的，还应当有中文说明书。标签、说明书应当符合本法以及我国其他有关法律、行政法规的规定和食品安全国家标准的要求，并载明食品的原产地以及境内代理商的名称、地址、联系方式。

预包装食品没有中文标签、中文说明书或者标签、说明书不符合本条规定的，不得进口。

第九十八条　进口商应当建立食品、食品添加剂进口和销售记录制度，如实记录食品、食品添加剂的名称、规格、数量、生产日期、生产或者进口批号、保质期、境外出口商和购货者名称、地址及联系方式、交货日期等内容，并保存相关凭证。记录和凭证保存期限应当符合本法第五十条第二款的规定。

第九十九条　出口食品生产企业应当保证其出口食品符合进口国（地区）的标准或者合同要求。

出口食品生产企业和出口食品原料种植、养殖场应当向国家出入境检验检疫部门备案。

第一百条　国家出入境检验检疫部门应当收集、汇总下列进出口食品安全信息，并及时通报相关部门、机构和企业：

（一）出入境检验检疫机构对进出口食品实施检验检疫发现的食品安全信息；

（二）食品行业协会和消费者协会等组织、消费者反映的进口食品安全信息；

（三）国际组织、境外政府机构发布的风险预警信息及其他食品安全信息，以及境外食品行业协会等组织、消费者反映的食品安全信息；

（四）其他食品安全信息。

国家出入境检验检疫部门应当对进出口食品的进口商、出口商和出口食品生产企业实施信用管理，建立信用记录，并依法向社会公布。对有不良记录的进口商、出口商和出口食品生产企业，应当加强对其进出口食品的检验检疫。

第一百零一条　国家出入境检验检疫部门可以对向我国境内出口食品的国家（地区）的食品安全管理体系和食品安全状况进行评估和

审查，并根据评估和审查结果，确定相应检验检疫要求。

第七章 食品安全事故处置

第一百零二条 国务院组织制定国家食品安全事故应急预案。

县级以上地方人民政府应当根据有关法律、法规的规定和上级人民政府的食品安全事故应急预案以及本行政区域的实际情况，制定本行政区域的食品安全事故应急预案，并报上一级人民政府备案。

食品安全事故应急预案应当对食品安全事故分级、事故处置组织指挥体系与职责、预防预警机制、处置程序、应急保障措施等作出规定。

食品生产经营企业应当制定食品安全事故处置方案，定期检查本企业各项食品安全防范措施的落实情况，及时消除事故隐患。

第一百零三条 发生食品安全事故的单位应当立即采取措施，防止事故扩大。事故单位和接收病人进行治疗的单位应当及时向事故发生地县级人民政府食品安全监督管理、卫生行政部门报告。

县级以上人民政府农业行政等部门在日常监督管理中发现食品安全事故或者接到事故举报，应当立即向同级食品安全监督管理部门通报。

发生食品安全事故，接到报告的县级人民政府食品安全监督管理部门应当按照应急预案的规定向本级人民政府和上级人民政府食品安全监督管理部门报告。县级人民政府和上级人民政府食品安全监督管理部门应当按照应急预案的规定上报。

任何单位和个人不得对食品安全事故隐瞒、谎报、缓报，不得隐匿、伪造、毁灭有关证据。

第一百零四条 医疗机构发现其接收的病人属于食源性疾病病人或者疑似病人的，应当按照规定及时将相关信息向所在地县级人民政府卫生行政部门报告。县级人民政府卫生行政部门认为与食品安全有关的，应当及时通报同级食品安全监督管理部门。

县级以上人民政府卫生行政部门在调查处理传染病或者其他突发公共卫生事件中发现与食品安全相关的信息，应当及时通报同级食品安全监督管理部门。

第一百零五条 县级以上人民政府食品安全监督管理部门接到食品安全事故的报告后，应当立即会同同级卫生行政、农业行政等部门进行调查处理，并采取下列措施，防止或者减轻社会危害：

（一）开展应急救援工作，组织救治因食品安全事故导致人身伤害的人员；

（二）封存可能导致食品安全事故的食品及其原料，并立即进行检验；对确认属于被污染的食品及其原料，责令食品生产经营者依照本法第六十三条的规定召回或者停止经营；

（三）封存被污染的食品相关产品，并责令进行清洗消毒；

（四）做好信息发布工作，依法对食品安全事故及其处理情况进行发布，并对可能产生的危害加以解释、说明。

发生食品安全事故需要启动应急预案的，县级以上人民政府应当立即成立事故处置指挥机构，启动应急预案，依照前款和应急预案的规定进行处置。

发生食品安全事故，县级以上疾病预防控制机构应当对事故现场进行卫生处理，并对与事故有关的因素开展流行病学调查，有关部门应当予以协助。县级以上疾病预防控制机构应当向同级食品安全监督管理、卫生行政部门提交流行病学调查报告。

第一百零六条 发生食品安全事故，设区的市级以上人民政府食品安全监督管理部门应当立即会同有关部门进行事故责任调查，督促有关部门履行职责，向本级人民政府和上一级人民政府食品安全监督管理部门提出事故责任调查处理报告。

涉及两个以上省、自治区、直辖市的重大食品安全事故由国务院食品安全监督管理部门依照前款规定组织事故责任调查。

第一百零七条　调查食品安全事故，应当坚持实事求是、尊重科学的原则，及时、准确查清事故性质和原因，认定事故责任，提出整改措施。

调查食品安全事故，除了查明事故单位的责任，还应当查明有关监督管理部门、食品检验机构、认证机构及其工作人员的责任。

第一百零八条　食品安全事故调查部门有权向有关单位和个人了解与事故有关的情况，并要求提供相关资料和样品。有关单位和个人应当予以配合，按照要求提供相关资料和样品，不得拒绝。

任何单位和个人不得阻挠、干涉食品安全事故的调查处理。

第八章　监督管理

第一百零九条　县级以上人民政府食品安全监督管理部门根据食品安全风险监测、风险评估结果和食品安全状况等，确定监督管理的重点、方式和频次，实施风险分级管理。

县级以上地方人民政府组织本级食品安全监督管理、农业行政等部门制定本行政区域的食品安全年度监督管理计划，向社会公布并组织实施。

食品安全年度监督管理计划应当将下列事项作为监督管理的重点：

（一）专供婴幼儿和其他特定人群的主辅食品；

（二）保健食品生产过程中的添加行为和按照注册或者备案的技术要求组织生产的情况，保健食品标签、说明书以及宣传材料中有关功能宣传的情况；

（三）发生食品安全事故风险较高的食品生产经营者；

（四）食品安全风险监测结果表明可能存在食品安全隐患的事项。

第一百一十条　县级以上人民政府食品安全监督管理部门履行食

品安全监督管理职责，有权采取下列措施，对生产经营者遵守本法的情况进行监督检查：

（一）进入生产经营场所实施现场检查；

（二）对生产经营的食品、食品添加剂、食品相关产品进行抽样检验；

（三）查阅、复制有关合同、票据、账簿以及其他有关资料；

（四）查封、扣押有证据证明不符合食品安全标准或者有证据证明存在安全隐患以及用于违法生产经营的食品、食品添加剂、食品相关产品；

（五）查封违法从事生产经营活动的场所。

第一百一十一条 对食品安全风险评估结果证明食品存在安全隐患，需要制定、修订食品安全标准的，在制定、修订食品安全标准前，国务院卫生行政部门应当及时会同国务院有关部门规定食品中有害物质的临时限量值和临时检验方法，作为生产经营和监督管理的依据。

第一百一十二条 县级以上人民政府食品安全监督管理部门在食品安全监督管理工作中可以采用国家规定的快速检测方法对食品进行抽查检测。

对抽查检测结果表明可能不符合食品安全标准的食品，应当依照本法第八十七条的规定进行检验。抽查检测结果确定有关食品不符合食品安全标准的，可以作为行政处罚的依据。

第一百一十三条 县级以上人民政府食品安全监督管理部门应当建立食品生产经营者食品安全信用档案，记录许可颁发、日常监督检查结果、违法行为查处等情况，依法向社会公布并实时更新；对有不良信用记录的食品生产经营者增加监督检查频次，对违法行为情节严重的食品生产经营者，可以通报投资主管部门、证券监督管理机构和有关的金融机构。

第一百一十四条　食品生产经营过程中存在食品安全隐患,未及时采取措施消除的,县级以上人民政府食品安全监督管理部门可以对食品生产经营者的法定代表人或者主要负责人进行责任约谈。食品生产经营者应当立即采取措施,进行整改,消除隐患。责任约谈情况和整改情况应当纳入食品生产经营者食品安全信用档案。

第一百一十五条　县级以上人民政府食品安全监督管理等部门应当公布本部门的电子邮件地址或者电话,接受咨询、投诉、举报。接到咨询、投诉、举报,对属于本部门职责的,应当受理并在法定期限内及时答复、核实、处理;对不属于本部门职责的,应当移交有权处理的部门并书面通知咨询、投诉、举报人。有权处理的部门应当在法定期限内及时处理,不得推诿。对查证属实的举报,给予举报人奖励。

有关部门应当对举报人的信息予以保密,保护举报人的合法权益。举报人举报所在企业的,该企业不得以解除、变更劳动合同或者其他方式对举报人进行打击报复。

第一百一十六条　县级以上人民政府食品安全监督管理等部门应当加强对执法人员食品安全法律、法规、标准和专业知识与执法能力等的培训,并组织考核。不具备相应知识和能力的,不得从事食品安全执法工作。

食品生产经营者、食品行业协会、消费者协会等发现食品安全执法人员在执法过程中有违反法律、法规规定的行为以及不规范执法行为的,可以向本级或者上级人民政府食品安全监督管理等部门或者监察机关投诉、举报。接到投诉、举报的部门或者机关应当进行核实,并将经核实的情况向食品安全执法人员所在部门通报;涉嫌违法违纪的,按照本法和有关规定处理。

第一百一十七条　县级以上人民政府食品安全监督管理等部门未及时发现食品安全系统性风险,未及时消除监督管理区域内的食品安全隐患的，本级人民政府可以对其主要负责人进行责任约谈。

地方人民政府未履行食品安全职责，未及时消除区域性重大食品安全隐患的，上级人民政府可以对其主要负责人进行责任约谈。

被约谈的食品安全监督管理等部门、地方人民政府应当立即采取措施，对食品安全监督管理工作进行整改。

责任约谈情况和整改情况应当纳入地方人民政府和有关部门食品安全监督管理工作评议、考核记录。

第一百一十八条 国家建立统一的食品安全信息平台，实行食品安全信息统一公布制度。国家食品安全总体情况、食品安全风险警示信息、重大食品安全事故及其调查处理信息和国务院确定需要统一公布的其他信息由国务院食品安全监督管理部门统一公布。食品安全风险警示信息和重大食品安全事故及其调查处理信息的影响限于特定区域的，也可以由有关省、自治区、直辖市人民政府食品安全监督管理部门公布。未经授权不得发布上述信息。

县级以上人民政府食品安全监督管理、农业行政部门依据各自职责公布食品安全日常监督管理信息。

公布食品安全信息，应当做到准确、及时，并进行必要的解释说明，避免误导消费者和社会舆论。

第一百一十九条 县级以上地方人民政府食品安全监督管理、卫生行政、农业行政部门获知本法规定需要统一公布的信息，应当向上级主管部门报告，由上级主管部门立即报告国务院食品安全监督管理部门；必要时，可以直接向国务院食品安全监督管理部门报告。

县级以上人民政府食品安全监督管理、卫生行政、农业行政部门应当相互通报获知的食品安全信息。

第一百二十条 任何单位和个人不得编造、散布虚假食品安全信息。

县级以上人民政府食品安全监督管理部门发现可能误导消费者和社会舆论的食品安全信息，应当立即组织有关部门、专业机构、相关食品生产经营者等进行核实、分析，并及时公布结果。

第一百二十一条　县级以上人民政府食品安全监督管理等部门发现涉嫌食品安全犯罪的，应当按照有关规定及时将案件移送公安机关。对移送的案件，公安机关应当及时审查；认为有犯罪事实需要追究刑事责任的，应当立案侦查。

公安机关在食品安全犯罪案件侦查过程中认为没有犯罪事实，或者犯罪事实显著轻微，不需要追究刑事责任，但依法应当追究行政责任的，应当及时将案件移送食品安全监督管理等部门和监察机关，有关部门应当依法处理。

公安机关商请食品安全监督管理、生态环境等部门提供检验结论、认定意见以及对涉案物品进行无害化处理等协助的，有关部门应当及时提供，予以协助。

第九章　法律责任

第一百二十二条　违反本法规定，未取得食品生产经营许可从事食品生产经营活动，或者未取得食品添加剂生产许可从事食品添加剂生产活动的，由县级以上人民政府食品安全监督管理部门没收违法所得和违法生产经营的食品、食品添加剂以及用于违法生产经营的工具、设备、原料等物品；违法生产经营的食品、食品添加剂货值金额不足一万元的，并处五万元以上十万元以下罚款；货值金额一万元以上的，并处货值金额十倍以上二十倍以下罚款。

明知从事前款规定的违法行为，仍为其提供生产经营场所或者其他条件的，由县级以上人民政府食品安全监督管理部门责令停止违法行为，没收违法所得，并处五万元以上十万元以下罚款；使消费者的合法权益受到损害的，应当与食品、食品添加剂生产经营者承担连带责任。

第一百二十三条 违反本法规定，有下列情形之一，尚不构成犯罪的，由县级以上人民政府食品安全监督管理部门没收违法所得和违法生产经营的食品，并可以没收用于违法生产经营的工具、设备、原料等物品；违法生产经营的食品货值金额不足一万元的，并处十万元以上十五万元以下罚款；货值金额一万元以上的，并处货值金额十五倍以上三十倍以下罚款；情节严重的，吊销许可证，并可以由公安机关对其直接负责的主管人员和其他直接责任人员处五日以上十五日以下拘留：

（一）用非食品原料生产食品、在食品中添加食品添加剂以外的化学物质和其他可能危害人体健康的物质，或者用回收食品作为原料生产食品，或者经营上述食品；

（二）生产经营营养成分不符合食品安全标准的专供婴幼儿和其他特定人群的主辅食品；

（三）经营病死、毒死或者死因不明的禽、畜、兽、水产动物肉类，或者生产经营其制品；

（四）经营未按规定进行检疫或者检疫不合格的肉类，或者生产经营未经检验或者检验不合格的肉类制品；

（五）生产经营国家为防病等特殊需要明令禁止生产经营的食品；

（六）生产经营添加药品的食品。

明知从事前款规定的违法行为，仍为其提供生产经营场所或者其他条件的，由县级以上人民政府食品安全监督管理部门责令停止违法行为，没收违法所得，并处十万元以上二十万元以下罚款；使消费者的合法权益受到损害的，应当与食品生产经营者承担连带责任。

违法使用剧毒、高毒农药的，除依照有关法律、法规规定给予处罚外，可以由公安机关依照第一款规定给予拘留。

第一百二十四条 违反本法规定，有下列情形之一，尚不构成犯罪的，由县级以上人民政府食品安全监督管理部门没收违法所得和违法生产经营的食品、食品添加剂，并可以没收用于违法生产经营的工具、设备、原料等物品；违法生产经营的食品、食品添加剂货值金额不足一万元的，并处五万元以上十万元以下罚款；货值金额一万元以上的，并处货值金额十倍以上二十倍以下罚款；情节严重的，吊销许可证：

（一）生产经营致病性微生物，农药残留、兽药残留、生物毒素、重金属等污染物质以及其他危害人体健康的物质含量超过食品安全标准限量的食品、食品添加剂；

（二）用超过保质期的食品原料、食品添加剂生产食品、食品添加剂，或者经营上述食品、食品添加剂；

（三）生产经营超范围、超限量使用食品添加剂的食品；

（四）生产经营腐败变质、油脂酸败、霉变生虫、污秽不洁、混有异物、掺假掺杂或者感官性状异常的食品、食品添加剂；

（五）生产经营标注虚假生产日期、保质期或者超过保质期的食品、食品添加剂；

（六）生产经营未按规定注册的保健食品、特殊医学用途配方食品、婴幼儿配方乳粉，或者未按注册的产品配方、生产工艺等技术要求组织生产；

（七）以分装方式生产婴幼儿配方乳粉，或者同一企业以同一配方生产不同品牌的婴幼儿配方乳粉；

（八）利用新的食品原料生产食品，或者生产食品添加剂新品种，未通过安全性评估；

（九）食品生产经营者在食品安全监督管理部门责令其召回或者停止经营后，仍拒不召回或者停止经营。

除前款和本法第一百二十三条、第一百二十五条规定的情形外，生产经营不符合法律、法规或者食品安全标准的食品、食品添加剂的，依照前款规定给予处罚。

生产食品相关产品新品种，未通过安全性评估，或者生产不符合食品安全标准的食品相关产品的，由县级以上人民政府食品安全监督管理部门依照第一款规定给予处罚。

第一百二十五条　违反本法规定，有下列情形之一的，由县级以上人民政府食品安全监督管理部门没收违法所得和违法生产经营的食品、食品添加剂，并可以没收用于违法生产经营的工具、设备、原料等物品；违法生产经营的食品、食品添加剂货值金额不足一万元的，并处五千元以上五万元以下罚款；货值金额一万元以上的，并处货值金额五倍以上十倍以下罚款；情节严重的，责令停产停业，直至吊销许可证：

（一）生产经营被包装材料、容器、运输工具等污染的食品、食品添加剂；

（二）生产经营无标签的预包装食品、食品添加剂或者标签、说明书不符合本法规定的食品、食品添加剂；

（三）生产经营转基因食品未按规定进行标示；

（四）食品生产经营者采购或者使用不符合食品安全标准的食品原料、食品添加剂、食品相关产品。

生产经营的食品、食品添加剂的标签、说明书存在瑕疵但不影响食品安全且不会对消费者造成误导的，由县级以上人民政府食品安全监督管理部门责令改正；拒不改正的，处二千元以下罚款。

第一百二十六条　违反本法规定，有下列情形之一的，由县级以上人民政府食品安全监督管理部门责令改正，给予警告；拒不改正的，处五千元以上五万元以下罚款；情节严重的，责令停产停业，直至吊销许可证：

（一）食品、食品添加剂生产者未按规定对采购的食品原料和生产的食品、食品添加剂进行检验；

（二）食品生产经营企业未按规定建立食品安全管理制度，或者未按规定配备或者培训、考核食品安全管理人员；

（三）食品、食品添加剂生产经营者进货时未查验许可证和相关证明文件，或者未按规定建立并遵守进货查验记录、出厂检验记录和销售记录制度；

（四）食品生产经营企业未制定食品安全事故处置方案；

（五）餐具、饮具和盛放直接入口食品的容器，使用前未经洗净、消毒或者清洗消毒不合格，或者餐饮服务设施、设备未按规定定期维护、清洗、校验；

（六）食品生产经营者安排未取得健康证明或者患有国务院卫生行政部门规定的有碍食品安全疾病的人员从事接触直接入口食品的工作；

（七）食品经营者未按规定要求销售食品；

（八）保健食品生产企业未按规定向食品安全监督管理部门备案，或者未按备案的产品配方、生产工艺等技术要求组织生产；

（九）婴幼儿配方食品生产企业未将食品原料、食品添加剂、产品配方、标签等向食品安全监督管理部门备案；

（十）特殊食品生产企业未按规定建立生产质量管理体系并有效运行，或者未定期提交自查报告；

（十一）食品生产经营者未定期对食品安全状况进行检查评价，或者生产经营条件发生变化，未按规定处理；

（十二）学校、托幼机构、养老机构、建筑工地等集中用餐单位未按规定履行食品安全管理责任；

（十三）食品生产企业、餐饮服务提供者未按规定制定、实施生产经营过程控制要求。

餐具、饮具集中消毒服务单位违反本法规定用水，使用洗涤剂、消毒剂，或者出厂的餐具、饮具未按规定检验合格并随附消毒合格证明，或者未按规定在独立包装上标注相关内容的，由县级以上人民政府卫生行政部门依照前款规定给予处罚。

食品相关产品生产者未按规定对生产的食品相关产品进行检验的，由县级以上人民政府食品安全监督管理部门依照第一款规定给予处罚。

食用农产品销售者违反本法第六十五条规定的，由县级以上人民政府食品安全监督管理部门依照第一款规定给予处罚。

第一百二十七条　对食品生产加工小作坊、食品摊贩等的违法行为的处罚，依照省、自治区、直辖市制定的具体管理办法执行。

第一百二十八条　违反本法规定，事故单位在发生食品安全事故后未进行处置、报告的，由有关主管部门按照各自职责分工责令改正，给予警告；隐匿、伪造、毁灭有关证据的，责令停产停业，没收违法所得，并处十万元以上五十万元以下罚款；造成严重后果的，吊销许可证。

第一百二十九条　违反本法规定，有下列情形之一的，由出入境检验检疫机构依照本法第一百二十四条的规定给予处罚：

（一）提供虚假材料，进口不符合我国食品安全国家标准的食品、食品添加剂、食品相关产品；

（二）进口尚无食品安全国家标准的食品，未提交所执行的标准并经国务院卫生行政部门审查，或者进口利用新的食品原料生产的食品或者进口食品添加剂新品种、食品相关产品新品种，未通过安全性评估；

（三）未遵守本法的规定出口食品；

（四）进口商在有关主管部门责令其依照本法规定召回进口的食品

后，仍拒不召回。

违反本法规定，进口商未建立并遵守食品、食品添加剂进口和销售记录制度、境外出口商或者生产企业审核制度的，由出入境检验检疫机构依照本法第一百二十六条的规定给予处罚。

第一百三十条　违反本法规定，集中交易市场的开办者、柜台出租者、展销会的举办者允许未依法取得许可的食品经营者进入市场销售食品，或者未履行检查、报告等义务的，由县级以上人民政府食品安全监督管理部门责令改正，没收违法所得，并处五万元以上二十万元以下罚款；造成严重后果的，责令停业，直至由原发证部门吊销许可证；使消费者的合法权益受到损害的，应当与食品经营者承担连带责任。

食用农产品批发市场违反本法第六十四条规定的，依照前款规定承担责任。

第一百三十一条　违反本法规定，网络食品交易第三方平台提供者未对入网食品经营者进行实名登记、审查许可证，或者未履行报告、停止提供网络交易平台服务等义务的，由县级以上人民政府食品安全监督管理部门责令改正，没收违法所得，并处五万元以上二十万元以下罚款；造成严重后果的，责令停业，直至由原发证部门吊销许可证；使消费者的合法权益受到损害的，应当与食品经营者承担连带责任。

消费者通过网络食品交易第三方平台购买食品，其合法权益受到损害的，可以向入网食品经营者或者食品生产者要求赔偿。网络食品交易第三方平台提供者不能提供入网食品经营者的真实名称、地址和有效联系方式的，由网络食品交易第三方平台提供者赔偿。网络食品交易第三方平台提供者赔偿后，有权向入网食品经营者或者食品生产者追偿。网络食品交易第三方平台提供者作出更有利于消费者承诺的，应当履行其承诺。

第一百三十二条　违反本法规定，未按要求进行食品贮存、运输和装卸的，由县级以上人民政府食品安全监督管理等部门按照各自职责分工责令改正，给予警告；拒不改正的，责令停产停业，并处一万元以上五万元以下罚款；情节严重的，吊销许可证。

第一百三十三条　违反本法规定，拒绝、阻挠、干涉有关部门、机构及其工作人员依法开展食品安全监督检查、事故调查处理、风险监测和风险评估的，由有关主管部门按照各自职责分工责令停产停业，并处二千元以上五万元以下罚款；情节严重的，吊销许可证；构成违反治安管理行为的，由公安机关依法给予治安管理处罚。

违反本法规定，对举报人以解除、变更劳动合同或者其他方式打击报复的，应当依照有关法律的规定承担责任。

第一百三十四条　食品生产经营者在一年内累计三次因违反本法规定受到责令停产停业、吊销许可证以外处罚的，由食品安全监督管理部门责令停产停业，直至吊销许可证。

第一百三十五条　被吊销许可证的食品生产经营者及其法定代表人、直接负责的主管人员和其他直接责任人员自处罚决定作出之日起五年内不得申请食品生产经营许可，或者从事食品生产经营管理工作、担任食品生产经营企业食品安全管理人员。

因食品安全犯罪被判处有期徒刑以上刑罚的，终身不得从事食品生产经营管理工作，也不得担任食品生产经营企业食品安全管理人员。

食品生产经营者聘用人员违反前两款规定的，由县级以上人民政府食品安全监督管理部门吊销许可证。

第一百三十六条　食品经营者履行了本法规定的进货查验等义务，有充分证据证明其不知道所采购的食品不符合食品安全标准，并能如实说明其进货来源的，可以免予处罚，但应当依法没收其不符合食品安全标准的食品；造成人身、财产或者其他损害的，依法承担赔偿责任。

第一百三十七条 违反本法规定，承担食品安全风险监测、风险评估工作的技术机构、技术人员提供虚假监测、评估信息的，依法对技术机构直接负责的主管人员和技术人员给予撤职、开除处分；有执业资格的，由授予其资格的主管部门吊销执业证书。

第一百三十八条 违反本法规定，食品检验机构、食品检验人员出具虚假检验报告的，由授予其资质的主管部门或者机构撤销该食品检验机构的检验资质，没收所收取的检验费用，并处检验费用五倍以上十倍以下罚款，检验费用不足一万元的，并处五万元以上十万元以下罚款；依法对食品检验机构直接负责的主管人员和食品检验人员给予撤职或者开除处分；导致发生重大食品安全事故的，对直接负责的主管人员和食品检验人员给予开除处分。

违反本法规定，受到开除处分的食品检验机构人员，自处分决定作出之日起十年内不得从事食品检验工作；因食品安全违法行为受到刑事处罚或者因出具虚假检验报告导致发生重大食品安全事故受到开除处分的食品检验机构人员，终身不得从事食品检验工作。食品检验机构聘用不得从事食品检验工作的人员的，由授予其资质的主管部门或者机构撤销该食品检验机构的检验资质。

食品检验机构出具虚假检验报告，使消费者的合法权益受到损害的，应当与食品生产经营者承担连带责任。

第一百三十九条 违反本法规定，认证机构出具虚假认证结论，由认证认可监督管理部门没收所收取的认证费用，并处认证费用五倍以上十倍以下罚款，认证费用不足一万元的，并处五万元以上十万元以下罚款；情节严重的，责令停业，直至撤销认证机构批准文件，并向社会公布；对直接负责的主管人员和负有直接责任的认证人员，撤销其执业资格。

认证机构出具虚假认证结论，使消费者的合法权益受到损害的，应当与食品生产经营者承担连带责任。

第一百四十条 违反本法规定，在广告中对食品作虚假宣传，欺骗消费者，或者发布未取得批准文件、广告内容与批准文件不一致的保健食品广告的，依照《中华人民共和国广告法》的规定给予处罚。

广告经营者、发布者设计、制作、发布虚假食品广告，使消费者的合法权益受到损害的，应当与食品生产经营者承担连带责任。

社会团体或者其他组织、个人在虚假广告或者其他虚假宣传中向消费者推荐食品，使消费者的合法权益受到损害的，应当与食品生产经营者承担连带责任。

违反本法规定，食品安全监督管理等部门、食品检验机构、食品行业协会以广告或者其他形式向消费者推荐食品，消费者组织以收取费用或者其他牟取利益的方式向消费者推荐食品的，由有关主管部门没收违法所得，依法对直接负责的主管人员和其他直接责任人员给予记大过、降级或者撤职处分；情节严重的，给予开除处分。

对食品作虚假宣传且情节严重的，由省级以上人民政府食品安全监督管理部门决定暂停销售该食品，并向社会公布；仍然销售该食品的，由县级以上人民政府食品安全监督管理部门没收违法所得和违法销售的食品，并处二万元以上五万元以下罚款。

第一百四十一条 违反本法规定，编造、散布虚假食品安全信息，构成违反治安管理行为的，由公安机关依法给予治安管理处罚。

媒体编造、散布虚假食品安全信息的，由有关主管部门依法给予处罚，并对直接负责的主管人员和其他直接责任人员给予处分；使公民、法人或者其他组织的合法权益受到损害的，依法承担消除影响、恢复名誉、赔偿损失、赔礼道歉等民事责任。

第一百四十二条 违反本法规定，县级以上地方人民政府有下列行为之一的，对直接负责的主管人员和其他直接责任人员给予记大过处分；情节较重的，给予降级或者撤职处分；情节严重的，给予开除处分；造成严重后果的，其主要负责人还应当引咎辞职：

（一）对发生在本行政区域内的食品安全事故，未及时组织协调有关部门开展有效处置，造成不良影响或者损失；

（二）对本行政区域内涉及多环节的区域性食品安全问题，未及时组织整治，造成不良影响或者损失；

（三）隐瞒、谎报、缓报食品安全事故；

（四）本行政区域内发生特别重大食品安全事故，或者连续发生重大食品安全事故。

第一百四十三条　违反本法规定，县级以上地方人民政府有下列行为之一的，对直接负责的主管人员和其他直接责任人员给予警告、记过或者记大过处分；造成严重后果的，给予降级或者撤职处分：

（一）未确定有关部门的食品安全监督管理职责，未建立健全食品安全全程监督管理工作机制和信息共享机制，未落实食品安全监督管理责任制；

（二）未制定本行政区域的食品安全事故应急预案，或者发生食品安全事故后未按规定立即成立事故处置指挥机构、启动应急预案。

第一百四十四条　违反本法规定，县级以上人民政府食品安全监督管理、卫生行政、农业行政等部门有下列行为之一的，对直接负责的主管人员和其他直接责任人员给予记大过处分；情节较重的，给予降级或者撤职处分；情节严重的，给予开除处分；造成严重后果的，其主要负责人还应当引咎辞职：

（一）隐瞒、谎报、缓报食品安全事故；

（二）未按规定查处食品安全事故，或者接到食品安全事故报告未及时处理，造成事故扩大或者蔓延；

（三）经食品安全风险评估得出食品、食品添加剂、食品相关产品不安全结论后，未及时采取相应措施，造成食品安全事故或者不良社会影响；

（四）对不符合条件的申请人准予许可，或者超越法定职权准予许可；

（五）不履行食品安全监督管理职责，导致发生食品安全事故。

第一百四十五条　违反本法规定，县级以上人民政府食品安全监督管理、卫生行政、农业行政等部门有下列行为之一，造成不良后果的，对直接负责的主管人员和其他直接责任人员给予警告、记过或者记大过处分；情节较重的，给予降级或者撤职处分；情节严重的，给予开除处分：

（一）在获知有关食品安全信息后，未按规定向上级主管部门和本级人民政府报告，或者未按规定相互通报；

（二）未按规定公布食品安全信息；

（三）不履行法定职责，对查处食品安全违法行为不配合，或者滥用职权、玩忽职守、徇私舞弊。

第一百四十六条　食品安全监督管理等部门在履行食品安全监督管理职责过程中，违法实施检查、强制等执法措施，给生产经营者造成损失的，应当依法予以赔偿，对直接负责的主管人员和其他直接责任人员依法给予处分。

第一百四十七条　违反本法规定，造成人身、财产或者其他损害的，依法承担赔偿责任。生产经营者财产不足以同时承担民事赔偿责任和缴纳罚款、罚金时，先承担民事赔偿责任。

第一百四十八条　消费者因不符合食品安全标准的食品受到损害的，可以向经营者要求赔偿损失，也可以向生产者要求赔偿损失。接到消费者赔偿要求的生产经营者，应当实行首负责任制，先行赔付，不得推诿；属于生产者责任的，经营者赔偿后有权向生产者追偿；属于经营者责任的，生产者赔偿后有权向经营者追偿。

生产不符合食品安全标准的食品或者经营明知是不符合食品安全标准的食品，消费者除要求赔偿损失外，还可以向生产者或者经营者要求支付价款十倍或者损失三倍的赔偿金；增加赔偿的金额不足一千元的，为一千元。但是，食品的标签、说明书存在不影响食品安全且不会对消费者造成误导的瑕疵的除外。

第一百四十九条 违反本法规定，构成犯罪的，依法追究刑事责任。

第十章 附则

第一百五十条 本法下列用语的含义：

食品，指各种供人食用或者饮用的成品和原料以及按照传统既是食品又是中药材的物品，但是不包括以治疗为目的的物品。

食品安全，指食品无毒、无害，符合应当有的营养要求，对人体健康不造成任何急性、亚急性或者慢性危害。

预包装食品，指预先定量包装或者制作在包装材料、容器中的食品。

食品添加剂，指为改善食品品质和色、香、味以及为防腐、保鲜和加工工艺的需要而加入食品中的人工合成或者天然物质，包括营养强化剂。

用于食品的包装材料和容器，指包装、盛放食品或者食品添加剂用的纸、竹、木、金属、搪瓷、陶瓷、塑料、橡胶、天然纤维、化学纤维、玻璃等制品和直接接触食品或者食品添加剂的涂料。

用于食品生产经营的工具、设备，指在食品或者食品添加剂生产、销售、使用过程中直接接触食品或者食品添加剂的机械、管道、传送带、容器、用具、餐具等。

用于食品的洗涤剂、消毒剂，指直接用于洗涤或者消毒食品、餐具、饮具以及直接接触食品的工具、设备或者食品包装材料和容器的物质。

食品保质期，指食品在标明的贮存条件下保持品质的期限。

食源性疾病，指食品中致病因素进入人体引起的感染性、中毒性等疾病，包括食物中毒。

食品安全事故，指食源性疾病、食品污染等源于食品，对人体健康有危害或者可能有危害的事故。

第一百五十一条　转基因食品和食盐的食品安全管理，本法未作规定的，适用其他法律、行政法规的规定。

第一百五十二条　铁路、民航运营中食品安全的管理办法由国务院食品安全监督管理部门会同国务院有关部门依照本法制定。

保健食品的具体管理办法由国务院食品安全监督管理部门依照本法制定。

食品相关产品生产活动的具体管理办法由国务院食品安全监督管理部门依照本法制定。

国境口岸食品的监督管理由出入境检验检疫机构依照本法以及有关法律、行政法规的规定实施。

军队专用食品和自供食品的食品安全管理办法由中央军事委员会依照本法制定。

第一百五十三条　国务院根据实际需要，可以对食品安全监督管理体制作出调整。

第一百五十四条　本法自 2015 年 10 月 1 日起施行。

附录二

"生态环境保护健康维权普法丛书"
支持单位和个人

张国林　北京博大环球创业投资有限公司　董事长

李爱民　中国风险投资有限公司　济南建华投资管理有限公司　合伙人
　　　　总经理

杨曦沦　中国科技信息杂志社　社长

汤为人　杭州科润超纤有限公司　董事长

刘景发　广州奇雅丝纺织品有限公司　总经理

赵　蔡　阆中诚舵生态农业发展有限公司　董事长

王　磊　天津昊睿房地产经纪有限公司　总经理

武　力　中国秦文研究会　秘书长

钟红亮　首都医科大学附属北京朝阳医院　神经外科主治医师

李泽君　深圳市九九九国际贸易有限公司　总经理

齐　南　北京蓝海在线营销顾问有限公司　总经理

王九川　北京市京都律师事务所　律师　合伙人

朱永锐　北京市大成律师事务所　律师　高级合伙人

张占良　北京市仁丰律师事务所　律师　主任

王　贺　北京市兆亿律师事务所　律师

陈景秋　《中国知识产权报·专利周刊》　副主编　记者

赵胜彪　北京君好法律咨询有限公司　执行董事 / 总法律顾问

赵培琳　北京易子微科技有限公司　创始人

附录三

"生态环境保护健康维权普法丛书"宣讲团队

北京君好法律顾问团,简称君好顾问团,由北京君好法律咨询有限责任公司组织协调,成员包括中国政法大学、北京大学、清华大学的部分专家学者,多家律师事务所的律师,企业法律顾问等专业人士。顾问团成员各有所长,有的擅长理论教学、专家论证;有的熟悉实务操作、代理案件;有的专职于非诉讼业务,做庭外顾问;有的从事法律风险管理,防患于未然。顾问团成员也参与普法宣传等社会公益活动。

一、顾问团主要业务

1. 专家论证会

组织、协调、聘请相关领域的法学专家、学者,针对行政、经济、民商、刑事方面的理论和实务问题,举办专家论证会,形成专家论证意见,帮助客户解决疑难法律问题。

2. 法律风险管理

针对客户经营过程中可能或已经产生的不利法律后果,从管理的角度提出建议和解决方案,避免或减少行政、经济、民商甚至刑事方面不利法律后果的发生。

3. 企业法律文化培训

企业法律文化是指与企业经营管理活动相关的法律意识、法律思维、行为模式、企业内部组织、管理制度等法律文化要素的总和。通过讲座等方式学习企业法律文化，有利于企业的健康有序发展。

4. 投资融资服务

针对客户的投融资需求，协调促成投融资合作，包括债权股权投融资，为债权股权投融资项目提供相关服务和延伸支持等。

5. 形象宣传

通过公益活动、知识竞赛、举办普法讲座等方式，向受众传送客户的文化、理念、外部形象、内在实力等信息，进一步提高社会影响力，扩大产品或服务的知名度。

6. 市场推广

市场推广是指为扩大客户产品、服务的市场份额，提高产品的销量和知名度，将有关产品或服务的信息传递给目标客户，促使目标客户的购买动机转化为实际交易行为而采取的一系列措施，如举办与产品相关的普法讲座、组织品鉴会等。

7. 其他相关业务

二、顾问团部分成员简介

王灿发：联合国环境署－中国政法大学环境法研究基地主任，国家生态环境保护专家委员会委员，生态环境保护部法律顾问。有"中国环境科学学会优秀科技工作者"的殊荣。现为中国政法大学教授，博士生导师，中国政法大学环境资源法研究和服务中心主任，北京环助律师事务所律师。

孙毅：高级律师，北京市公衡律师事务所名誉主任，擅长刑事辩护、公司法律、民事诉讼等业务。有军人经历，曾任检察官、党校教师、律师事务所主任等职务。

朱永锐：北京市大成律师事务所高级合伙人，主要从事涉外法律业务。业务领域包括国际投融资、国际商务、企业并购、国际金融、知识产权、国际商务诉讼与仲裁、金融与公司犯罪。

崔师振：北京卓海律师事务所合伙人，北京律师协会风险投资和私募股权专业委员会委员，擅长企业股权架构设计和连锁企业法律服务，包括合伙人股权架构设计、员工股权激励方案设计和企业股权融资法律风险防范。

侯登华：北京科技大学文法学院法律系主任、教授、硕士研究生导师、法学博士、律师，主要研究领域是仲裁法学、诉讼法学、劳动法学，同时从事一些相关的法律实务工作。

陈健：中国政法大学民商经济法学院知识产权教研室副教授、法学博士。研究领域：民法、知识产权法、电子商务法。社会兼职：北京仲裁委员会仲裁员、英国皇家御准仲裁员协会会员。

李冰：女，北京市维泰律师事务所律师，擅长婚姻家庭纠纷，经济纠纷及公司等业务。曾经在丰台区四个社区担任长年法律顾问，从事社区法律咨询等工作。

袁海英：河北大学政法学院副教授、硕士研究生导师，河北省知识产权研究会秘书长，主要从事知识产权法、国际经济法教学科研工作。

汤海清：哈尔滨师范大学法学院副教授、法学博士，北京大成（哈尔滨）律师事务所兼职律师，主要从事宪法与行政法、刑法的教学工作，从事律师工作二十余年，有较为丰富的司法实践工作经验。

徐玉环：女，北京市公衡律师事务所律师，主要从事公司法律事务。业务领域包括建设工程相关法律事务、民事诉讼与仲裁。

张雁春：北京市公衡律师事务所律师，主要从事公司法律事务，擅长公司诉讼及非诉案件，为当事人挽回了大量经济损失。

张占良：民商法学硕士，律师，北京市仁丰律师事务所主任，北京市物权法研究会理事。主要办理外商投资、企业收购兼并、房地产法律业务，从事律师业务十九年，具有丰富的律师执业经验。

赵胜彪：法学学士，北京君好法律咨询有限公司执行董事 / 总法律顾问，君好法律顾问团、君好投融资顾问团协调人 / 主任，中国科技信息杂志法律顾问。主要从事企业经营过程中法律风险管理的实务、培训及研究工作。

三、顾问团联系方式：

办公地址：北京市朝阳区东土城路 6 号金泰腾达写字楼 B 座 507

联系方式：13501362256（微信号）

lawyersbz@163.com（邮箱）